U0387257

非物质文化遗产丛书

Intangible Cultural Heritage Series

都一处烧麦

杨建业　吴华侠　编著

北京市文学艺术界联合会　组织编写

北京出版集团公司

北京美术摄影出版社

图书在版编目（CIP）数据

都一处烧麦 / 杨建业，吴华侠编著 ；北京市文学艺术界联合会组织编写. — 北京 ：北京美术摄影出版社，2019.12
（非物质文化遗产丛书）
ISBN 978-7-5592-0332-8

Ⅰ. ①都… Ⅱ. ①杨… ②吴… ③北… Ⅲ. ①面食—制作—北京 Ⅳ. ①TS972.132

中国版本图书馆CIP数据核字（2020）第007017号

非物质文化遗产丛书

都一处烧麦

DUYICHU SHAOMAI

杨建业　吴华侠　编著

北京市文学艺术界联合会　组织编写

出　版　北京出版集团公司
　　　　北京美术摄影出版社
地　址　北京北三环中路6号
邮　编　100120
网　址　www.bph.com.cn
总发行　北京出版集团公司
发　行　京版北美（北京）文化艺术传媒有限公司
经　销　新华书店
印　刷　天津联城印刷有限公司
版印次　2019年12月第1版第1次印刷
开　本　787毫米×1092毫米　1/16
印　张　9.5
字　数　137千字
书　号　ISBN 978-7-5592-0332-8
定　价　68.00元
如有印装质量问题，由本社负责调换
质量监督电话　010-58572393

编委会

组织编写

北京市文学艺术界联合会
北京民间文艺家协会

序

PREFACE

赵 书

2005年，国务院向各省、自治区、直辖市人民政府，国务院各部委、各直属机构发出了《关于加强文化遗产保护的通知》，第一次提出“文化遗产包括物质文化遗产和非物质文化遗产”的概念，明确指出：“非物质文化遗产是指各种以非物质形态存在的与群众生活密切相关、世代相承的传统文化表现形式，包括口头传统、传统表演艺术、民俗活动和礼仪与节庆、有关自然界和宇宙的民间传统知识和实践、传统手工艺技能等，以及与上述传统文化表现形式相关的文化空间。”在“保护为主、抢救第一、合理利用、传承发展”方针的指导下，在市委、市政府的领导下，非物质文化遗产保护工作得到健康、有序的发展，名录体系逐步完善，传承人保护逐步加强，宣传展示不断强化，保护手段丰富多样，取得了显著成绩。第十一届全国人民代表大会常务委员会第十九次会议通过《中华人民共和国非物质文化遗产法》。第三条中规定“国家对非物质文化遗产采取认定、记录、建档等措施予以保存，对体现中华民族优秀传统文化，具有历史、文学、艺术、科学价值的非物质文化遗产采取传承、传播等措施予以保护”。为此，在市委宣传部、组织部的大力支持下，北京市于2010年开始组织编辑出版“非物质文化遗产丛书”。丛书的作者为非物质文化遗产项目传承人以及各文化单位、科研机构、大专院校对本专业有深厚造诣的著名专家、学者。这套丛书的出版赢得了良好的社会反响，其编写具有三个特点：

第一，内容真实可靠。非物质文化遗产代表作的第一要素就是项目内容的原真性。非物质文化遗产具有历史价值、文化价值、精神价值、科学价值、审美价值、和谐价值、教育价值、经济价值等多方面的价值。之所以有这么高、这么多方面的价值，都源于项目内容的真实。这些项目蕴含着我们中华民族传统文化的最深根源，保留着形成民族文化身份的原生状态以及思维方式、心理结构与审美观念等。非遗项目是从事非物质文化遗产保护事业的基层工作者，通过走乡串户实地考察获得第一手材料，并对这些田野调查来的资料进行登记造册，为全市非物质文化遗产分布情况建立档案。在此基础上，各区、县非物质文化遗产保护部门进行代表作资格的初步审定，首先由申报单位填写申报表并提供音像和相关实物佐证资料，然后经专家团科学认定，鉴别真伪，充分论证，以无记名投票方式确定向各级政府推荐的名单。各级政府召开由各相关部门组成的联席会议对推荐名单进行审批，然后进行网上公示，无不同意见后方能列入县、区、市以至国家级保护名录的非物质文化遗产代表作。丛书中各本专著所记述的内容真实可靠，较完整地反映了这些项目的产生、发展、当前生存情况，因此有极高历史认识价值。

第二，论证有理有据。非物质文化遗产代表作要有一定的学术价值，主要有三大标准：一是历史认识价值。非物质文化遗产是一定历史时期人类社会活动的产物，列入市级保护名录的项目基本上要有百年传承历史，通过这些项目我们可以具体而生动地感受到历史真实情况，是历史文化的真实存在。二是文化艺术价值。非物质文化遗产中所表现出来的审美意识和艺术创造性，反映着国家和民族的文化艺术传统和历史，体现了北京市历代人民独特的创造力，是各族人民的智慧结晶和宝贵的精神财富。三是科学技术价值。任何非物质文化遗产都是人们在当时所掌握的技术条件下创造出来的，直接反映着文物创造者认识自然、利用自然的程度，反映着当时的科学技术与生产力的发展水平。丛书通过作者有一定学术高度的论述，使读者深刻感受到非物质文化遗产所体现出来的价值更多的是一种现存性，对体现本民族、群体的文化特征具有真实的、承续的意义。

第三，图文并茂，通俗易懂，知识性与艺术性并重。丛书的作者均是非物质文化遗产传承人或某一领域中的权威、知名专家及一线工作者，他们撰写的书第一是要让本专业的人有收获；第二是要让非本专业的人看得懂，因为非物质文化遗产保护工作是国民经济和社会发展的重要组成内容，是公众事业。文艺是民族精神的火烛，非物质文化遗产保护工作是文化大发展、大繁荣的基础工程，越是在大发展、大变动的时代，越要坚守我们共同的精神家园，维护我们的民族文化基因，不能忘了回家的路。为了提高广大群众对非物质文化遗产保护工作重要性的认识，这套丛书对各个非遗项目在文化上的独特性、技能上的高超性、发展中的传承性、传播中的流变性、功能上的实用性、形式上的综合性、心理上的民族性、审美上的地域性进行了学术方面的分析，也注重艺术描写。这套丛书既保证了在理论上的高度、学术分析上的深度，同时也充分考虑到广大读者的愉悦性。丛书对非遗项目代表人物的传奇人生，各位传承人在继承先辈遗产时所做出的努力进行了记述，增加了丛书的艺术欣赏价值。非物质文化遗产保护人民性很强，专业性也很强，要达到在发展中保护，在保护中发展的目的，还要取决于全社会文化觉悟的提高，取决于广大人民群众对非物质文化遗产保护重要性的认识。

编写“非物质文化遗产丛书”的目的，就是为了让广大人民了解中华民族的非物质文化遗产，热爱中华民族的非物质文化遗产，增强全社会的文化遗产保护、传承意识，激发我们的文化创新精神。同时，对于把中华文明推向世界，向全世界展示中华优秀文化和促进中外文化交流均具有积极的推动作用。希望本套图书能得到广大读者的喜爱。

2012 年 2 月 27 日

序

PREFACE

杨建业

享有独特而卓绝的美食，是中国人天生的福分。而享有这份福分，不能不感谢从事这份职业的那些人。至于那些在上百年前就已经进入人们生活的美食，而今依然能够在每一天都可以吃到，这就要感谢那些被政府命名为“老字号”的店家。是他们执着的坚守和有效的传承，才使中华美食生生不息。

北京是六朝古都，是天下美食的荟萃之地。流传在北京的美食有很多，经营美食的北京老字号也很多，而都一处烧麦馆的传奇味道绝对值得称赞。

非物质文化遗产被划分为十大类，其中一类是传统技艺。餐饮类别的项目就被划分在这一类里面。能做饭烧菜，的确是需要手艺的。人人都要吃饭，家家都要开餐，可常听到身边的一些人说，他们自己是怎么也不会做饭的，他们家里的饭又是多么多么难吃。这也从另一个方面证明，饭不是人人都能做好的。更不要说，能把做好的饭菜让那些需要的人花钱买着吃。

都一处烧麦在做法上有些独特，被过去当朝的皇帝品尝过，皇帝还给它起了店名，题写了一块蝠头匾。

我是北京人，又从事非物质文化遗产保护工作，对北京的美食还是有一些了解的。要说北京菜的大餐，一般人还真是不大了解。中国的几大菜系里面，也很少会提到北京菜。行业内认可的北京菜的代表，大多数北京人估计都没有吃到过。号称“三大官府菜”之一的谭家菜，据说能代表纯正的北京菜，也是进入了北京市级非物质文化遗产代表性名录的项目。这个项目所在的北京饭店就在我工作的东城区，它的菜我也没吃过。

北京人常吃的还是那些日常小吃，豆汁焦圈、炒肝包子、卤煮火烧，还有羊杂汤、羊头肉、驴打滚等。这些小吃不仅吃起来上瘾，念叨起名字来嘴里也是有滋有味。跟这些吃食相比，烧麦要“高级”一些。特别是都一处烧麦，总是要比一般餐馆出售的面点贵一些。老北京人吃完都一处烧麦，总会津津乐道一阵子，要让身边的人都知道自己去过都一处了。是个北京人，怎么能没吃过都一处烧麦呢?

作为北京人，能有机会写一写都一处烧麦，真是一件幸运的事。

在写作本书的时候，我既是一位都一处忠实的食客，也是都一处作为非物质文化遗产项目的传承者，坚守传统又不断创新发展的见证者，同时还是都一处烧麦代表性传承人吴华侠的好朋友。非常高兴的是，我和华侠成了这本书的共同创作者。这使得本书对都一处烧麦的历史发展、技艺传承有了更多第一手资料，创作起来更加得心应手；也为读者提供了更多“探秘”的渠道。

当然，我们希望读者能通过阅读本书，了解那些流传已久的有关都一处的传说故事，体验中华美食的巨大魅力；通过本书，感知非物质文化遗产技艺传承人在技艺传承中的辛勤付出和孜孜不倦的工匠精神。本书是第一本详细介绍都一处烧麦的专著。既然是第一本，自然给读者讲述了很多都一处的“秘密”。但就如同照着菜谱不一定能炒出好菜，看着本书中提供的那些制作烧麦的技术步骤，也不一定能做出与都一处店里一样的烧麦。如果读者能携带本书当作导览，到前门大街的都一处找一个座位，细细品尝都一处烧麦，对作者来说，那将是莫大的奖赏。

弘扬中华美食，人人有责。写作《都一处烧麦》是一次尝试，我愿意把这种尝试继续做下去。

2019 年 1 月

前言

FOREWORD

都一处烧麦的起源，和北京的一些饮食老字号有相似之处。它的经营者原本在前门大街的路边开了一个街摊，开始不是卖烧麦的，也没有招牌。传说这个摊上挂了一个破的酒葫芦做幌子，于是这个摊被人们叫作“碎葫芦”。能有这个民间叫开的称呼，说明吃饭的人是认可它的。

2006年，我在整理“前门传说”申报北京市非遗名录时，曾采访过王永斌老人。王永斌老人身为高级教师，是区政府的史地专家顾问，出版过多本关于前门历史文化的著作。他讲到很多关于前门大街上的老字号的历史和传说，其中就有关于都一处起源方面的内容。这部分资料也收录在他出版的《前门史话》一书中。

据王永斌老人讲，当初一个姓李的孩子从山西到北京来谋生，先是在肉市（前门外的一条胡同）的碎葫芦酒铺当学徒，出师后因老板刻薄，便自己出来单干。乾隆三年（1738年），他在亲戚朋友的帮助下，在前门大街路东搭了个席棚，赊了几坛子酒和十几斤肉，就开始做起了买卖。那时候没有商标注册一说，因为他是从碎葫芦酒铺出来的，也就对来吃饭的客人们说着这段来历。客人们也就顺口管他的小摊叫“碎葫芦”。

由于经营有方，没多久这位李老板就赚了可以开店的钱。在乾隆七年（1742年）盖起了自己的铺面房。前门大街路东的地皮十分紧俏，空闲的不多。李老板选的这块地方，北边和南边都有店铺了，留给他的只有一间门面的空间。地面无法扩展，只好向上发展。这一间门面，也盖起了两层小楼。一层散座，二层除了散座也开了两间雅座。

这时候，仍然挂着个“碎葫芦”做幌子而没有字号的这家店，出售的食品已经有烧麦、马莲肉、炸三角等品种了。

接下来，就是乾隆微服私访进店品尝烧麦、马莲肉、炸三角等吃食，之后赐匾“都一处”的事了。从此，都一处和它的烧麦在京城里就人人皆知了。同治年间，李静山的《增补都门杂咏》中有一首竹枝词是这样写的：“京都一处共传呼，休问名传实有无。细品翁头春酒味，自堪压倒碎葫芦。”这位从碎葫芦酒铺出来的学徒不仅有了自己的店，而且成了北京城里餐饮业的名牌。

都一处烧麦馆自乾隆赐匾开始出名，是前门一带商会掌柜、账房先生和外地人经常光顾之地。尤其到了晚上，各戏馆子一散戏，都一处立即满堂。京剧著名演员谭富英、张君秋、裘盛戎都是都一处的常客。

与王永斌老人讲述的不同，在申报国家级非物质文化遗产名录论证报告《都一处烧麦制作技艺论证报告》中，写到都一处的创始人时，说都一处是山西省浮山县北开村人王瑞福开的。

据这份论证报告讲：王瑞福从山西老家来到北京，投宿在前门外鹞儿胡同的浮山会馆。浮山会馆建于雍正七年（1729年），是山西浮山县人在京的落脚之地。一天，王瑞福正躺在会馆后院的土炕上，寻思着自己在北京的出路。门帘一掀，进来一位同乡。这位同乡在北京以算命谋生。王瑞福想试一试手气，就抽了根签。这位算命的同乡看了之后，说："老弟福在眼前，快到前门大街鲜鱼口南摆酒缸（开酒铺）去吧！"王瑞福听后，就招呼两位同乡，在会馆"首事"（召集人）的帮助下，在前门大街鲜鱼口南边开了家小酒铺。那时的酒铺为了招徕生意，都在门前挑起竹竿，再挂个酒葫芦当幌子。正巧路西一家酒铺要换葫芦，王瑞福便把那家的旧葫芦讨过来，在自家门前挑了起来。"王记酒铺"在乾隆三年（1738年）开业了。

都一处第一代创始人王瑞福去世后，由其子第二代传人王领玉接替。王领玉去世后，由其长子第三代传人王鸿儒经营北京都一处，其次子王鸿才经营山西省浮山县城内"德庆永"杂货店。此时，王家已发展成浮山县北井村的大财主，家里有厨子、女用人，出门坐小轿车子（马拉铁轮小篷子车）。第三代传人王鸿儒去世后，由其妻王盖氏接替。当时女人不便出头露面，于是将王鸿儒的表弟李德馨请来任掌柜。

李德馨这个名字，都一处的材料和王永斌老人的说法倒是一致的。

两个出处都肯定，1931年，都一处传到了李德馨手中。他的父亲觉得开餐馆不如开钱庄赚钱，就让李德馨去钱庄当学徒。李德馨学徒三年零一节期满的时候，他的父亲去世了。李德馨无心经营都一处，整天在外面花天酒地，对店里的伙计、学徒却十分苛刻。于是，店里的伙计们就开始"祸害"老板。他们在烧麦里多加料，炒菜多加油，打酒多给酒。那时候的饭店利润大，多给出去一两勺油、一两斤酒，店垮不了。反倒是如此一来，来过店的人都相传都一处的饭香、酒足，到都一处吃饭的客人越来越多，名气越来越大了。

名气大，也并不一定保证生意一直都好。

1930年，都一处在前门大街老店往南隔了几个门的位置，又开了一家新店。老店被称为北号，新店被称为南号。南号同北号格局相似，也是一间门面，两层小楼。南号有近20个雅座房间，比北号大一些。南号经营的品种和北号相同，也经营烧麦，但以炒菜为主。后因管理不善，再加上市场萧条，南号于1935年关闭。北号则一直经营到1956年公私合营。

1956年1月13日，都一处实现公私合营。1958年，都一处由鲜鱼口南迁到鲜鱼口北（现前门大街路东36号），营业面积比过去扩大很多，内部设施、人员技术都比过去有提高。1964年，都一处进行扩建翻修。新店盖成两层新楼，营业面积达170平方米，可同时容纳100人就餐。

这年秋天，著名作家郭沫若到都一处观赏乾隆御赐的“都一处”蝠头匾，应该店的请求，为都一处题写了新匾（现门面前悬挂的匾额）。郭沫若夫人于立群也为都一处手书了高2米、宽3米的诗词。

1990年，都一处又进行了改扩建、装修，建成三层楼的餐厅，内设3个大餐厅和1个外宾厅，一楼以普通烧麦为主，二楼、三楼经营中、高档烧麦和山东风味炒菜，一共可同时容纳300人就餐，并承办喜庆宴会。

1992年，为了重振都一处昔日辉煌，企业调整了主要经营人员，从挖掘历史文化、开展特色服务、创新经营品种等方面入手进行了一系列的改革和调整，使“都一处”品牌的知名度在京城餐饮业越来越高，并将“都一处”品牌进行了第三十类和第四十二类的商标注册。

2001年，都一处烧麦馆被中国烹饪协会授予“中华饮食名店”荣誉称号。

2002年，企业进行股份制改造，成立北京前门都一处餐饮有限公司，成为北京便宜坊烤鸭集团有限公司控股子公司。

2005年年底，前门大街整体改造。都一处店址被拆，停业。

2008年8月8日，都一处在整修后的前门大街重新开业，仍为两层楼房。同年，都一处烧麦制作技艺入选第二批国家级非物质文化遗产名录。

以传说故事闻名天下的都一处烧麦馆，用一种面点，在中华美食林中占有了自己的一席之地。

众多的非物质文化遗产，以前是难得入史的。一家餐馆的起源与发展，难入史学家的典藏。而民间对一家餐馆的认同，更在乎民间流传的口碑。对于如都一处这样的餐馆，人们更乐于在故事中口耳相传。不同的版本更是让人津津乐道。想在胡同坊间持一家之言的，常常最后落得个落荒而逃的局面。都一处这样的吃到口中十分香、听到耳中十分爽、出了门去想到处讲的餐馆，是每个食客都想推门而入的。

美食的味道在传承中发展，记载美食的书籍也不会是只有一副面孔。尘封的历史也会有很多“朝花夕拾”般地修补。希望本书的出版，能给都一处这个与传说相伴的餐馆找寻到更多的知音。让我们共同为都一处绚丽的传说故事增添更多的色彩。

目录

CONTENTS

第一章 前门商街的形成

第一节

八臂哪吒城与前门

都一处烧麦的起源店在前门大街上。如今，都一处烧麦的连锁店在不断扩展，但人们对都一处烧麦认知最多的还是它开在前门大街上的这家店。虽然它在这条街上的位置也有过几次变更，最近的一次是2009年。重新修缮的前门大街开街后老字号回归，都一处烧麦虽然从前门大街路东的36号搬到了38号，但仍然一如既往地坚守在它起家的这条大街上。

前门大街自明、清两代逐步形成，直至20世纪80年代，都是北京城中人气最为旺盛的一条商业街区。

前人曾在书中这样描绘前门大街的热闹："珠市当正阳门之冲，前后左右计二三里，皆殷商巨贾，前门大街设市开廛。凡金银珠宝以及食货如山积，酒榭歌楼，欢呼酣饮，恒日暮不休。"

前门大街这条商业街的出现，被后人赋予了很多传奇色彩。

北京作为六朝古都，本身有很多传奇故事。关于北京这个城市的出现也有很多传说，在这部分传说中有一些是与前门有关的。其中流传最广的，就是那个"北京城与八臂哪吒"的故事。这个故事，笔者小的时候，有点岁数的北京人差不多都会讲，所以故事的版本有很多种。

◎ 清末时期的前门大街 ◎

这个故事讲的是，传说很多年以

前北京城所在的这个地方是一片汪洋大海，时常有孽龙出没作怪，祸害百姓。后来哪吒来了。哪吒制服孽龙后，大水退了，此地开始成为人们生活的地方，被叫作“幽州”。海水虽然退了，但地面上留下了很多泄水口。这就是人们常说的“海眼”。这些“海眼”可都是连着看不见的大海的。哪吒回到仙界后，孽龙常常从“海眼”里钻出来祸害百姓，闹得民不聊生。人们因此也将北京这块地方称为“苦海幽州”。

等到了明代，皇上不知怎么看上了这块地方。他下圣旨，要在北京这里建个都城，把首都迁到这里来。接了圣旨的大臣们，一弄明白这事吓得不轻，忙上朝奏本，说北京这块地方原来就被百姓称作是“苦海幽州”，时不常出没的孽龙十分厉害。“臣子是降服不了的，请皇上另派军师们去吧!”皇上也是个明白人，听了这话觉得也有道理。没有上知天文、下知地理，上能知神、下能知鬼的能人，恐怕是建不起偌大的北京城的。

皇上有两位军师，都有天大的本事。两人在皇上打天下的时候都出过力，这时候要建京都自然谁都不肯落后。大军师刘伯温说：“我去!”二军师姚广孝紧接着说：“我也去!”皇上很高兴，就把建北京城的活儿交给这两位军师了。

刘伯温、姚广孝领罢“圣旨”，就到了幽州。开始划地方，琢磨这北京城该怎么建造。既然这里有孽龙捣乱，首要做的就是想办法镇住孽龙。皇上要建京城，还要镇住孽龙，得看看风水。刘伯温、姚广孝两位军师是有大才的人，他们自己就能掐会算。两个人都想在皇上面前显露才能。一到了幽州地界儿，刘伯温就对姚广孝说：“姚军师，咱们分开了住吧，你住西城，我住东城，各自想各自的主意，10天以后见面，然后坐在一起，脊背对脊背坐着，各人画各人的城图，画好了再对照一下，看看两个人的心思对不对头。然后呈报皇上。”姚广孝自然也明白刘伯温的心思。你要大显才能，独夺大功，我干吗要拦你？他答应一声，说：“大军师说得有理，就这么办!”两个人扭头转身，各走各道，自己干自己的事去了。

两个人分开各住一处。开始两天，他们都在房间里掐算筹划，也没出门。建皇城，讲的是要江山永固，自然不能轻断。要在荒地上建城，而且还要镇住孽龙，这对两个在千军万马中运筹帷幄的人来说，也是一件犯愁的事。正在发愁的时候，刘伯温就听见自己耳朵里面传出来一个声音："照着我画！照着我画！"周围没人，这声音好像是从自己的脑袋里面发出来的，这让见多识广的刘伯温十分纳闷。

这声音不光刘伯温听见了，闷在屋子里的姚广孝也听到了。他也百思不得其解，捉摸不透。

到了第三天，两个人都到外面去看地形。刘伯温往东边走，姚广孝奔了西边。刘伯温走着走着，路面上不知怎么就冒出来一个穿着红袄短裤子的小孩子，在他前面走。刘伯温走得快，那小孩子也走得快。刘伯温走得慢，那小孩子也走得慢。刘伯温起初没觉出特别来，后来他看小孩子总离他不远不近的，就起了疑心。他故意停住脚步，看那小孩子如何反应。没想到，他一站住，那小孩子也就站住。他抬脚走，那小孩子也走起来。他想追上这穿着红袄短裤子的小孩子，可两个人的距离总是那么远。这下，刘伯温不敢追了，忙扭头往回走。

走到西头的姚广孝也遇到了这么一个穿着红袄短裤子的小孩子，也被这怪里怪气的事情弄得心神不宁，扭头回了住处。

两个人回到房间里，耳朵里便又想起了那个声音："照着我画！照着我画！"

这两个大军师被这个声音和白天看到的小孩子折腾得一晚上没睡好觉，第二天都奔到了街上，想再跟那个小孩子见上一面，弄清楚究竟是怎么一回事。

刘伯温和姚广孝两个人再上街的时候，怕自己看走眼了，都各自带上了一个随从。

两个人虽然还是各奔东西，但仍然都同时遇到了那个小孩子。只是这次遇到的小孩子虽然还是穿着红袄短裤子，但肩上多了几根飘带。小孩子身形走得飘逸，一走起来好像身上多长出来几条胳膊似的。这一来，刘伯温和姚广孝就都想到了一个人——哪吒。

《封神演义》里面讲，哪吒是托塔天王李靖之子。李靖的妻子怀孕三年六个月，才把哪吒生下来。哪吒杀死了龙子后，为救父母，剔骨剜肠，散了七魄三魂，一命归泉，后被太乙真人用莲花修炼成型，再返仙界。他变化无常，来到人间时，有时三头六臂，有时一头八臂。凡人以自身度量，大多称之为八臂哪吒。

刘伯温和姚广孝分别追着这小孩子喊：“哪吒！”但没追几步，就被随从给拉住了。随从问军师跑什么。两个人急得冲随从喊：“快追！快追啊！”随从问追什么。“追哪吒啊！”随从一头雾水，问哪里有哪吒。“你什么都没看到？”随从说前面什么都没有，什么都没看到。两个人这才相信，真是遇到神仙了。

神仙的话一定要听。两个人这时都明白耳朵里听到的那话是什么意思了。“照着我画！”那不就是说哪吒要让北京城照着他的样子造，有朝一日孽龙出来祸害世人时，他才肯来帮忙？

两位军师回到各自的住处，就铺开笔墨把各自心中的八臂哪吒描画了一番。等到第十天，两个人一个从东头过来，一个从西头过来，从日头下面选中了一个正中之地。两个人面前各放一张桌子、一把椅子、一套纸墨，约好各自画出他们设计出的北京城的样子。两人谁也不看谁的，一起开始画，日头西落时一起收笔，看谁画出来的北京城最符合圣意。

画啊画，等到太阳西落的时候，两个人眼看就要画完了，空中突然起了一阵风。刘伯温眼疾手快，把纸按住了。姚广孝则没那么幸运，等他把被风吹起来的纸展平时，刘伯温已经收笔了。姚广孝只好匆匆补了两笔也收了手。

两个人的北京城图都画完了，相互拿给对方一看。两个人相视哈哈大笑。原来，两个人画出来的都是“八臂哪吒城”。只是因为姚广孝少画了几笔，他画出的城郭在西边缺了一角。他心里不服输，对刘伯温说：“你说说，为什么要把城画成这个样子？你要说的没有出处，那也不能算你赢。”

刘伯温哈哈一笑，说：“你听明白了。这正南中间的一座门，叫正阳门，是哪吒的脑袋。正阳门瓮城的东西两门，是哪吒的耳朵。正阳门里的两眼井，是哪吒的眼睛。正阳门东边的崇文门、东便门，东面城门的朝阳门、东直门，是哪吒这半边身子的四臂。正阳门西边的宣武门、西便门，西面城门的阜成门、西直门，是哪吒那半边身子的四臂。北面城门的安定门、德胜门，是哪吒的两只脚。”

姚广孝怕刘伯温把功劳都夺了去，忙接过话头来接着说：“哪吒不能没有五脏，空有八臂还是不行。城里四方形的皇城，是哪吒的五脏。从皇城的午门到正阳门的哪吒脑袋那里，中间这条长道是哪吒的食道。从那五脏两边分出来的大大小小的大道和胡同，就是哪吒的大肋骨和小肋骨，对不对？”

皇上看了两个人画的“八臂哪吒城”，再加上两个人这云山雾罩地一说，就拍板定了。于是，后来就有了今天这样的北京城。

这个传说中列举出了北京城和八臂哪吒身上一一对应的部位，其中，哪吒的脑袋演化成的就是正阳门，也就是今天我们所说的前门。

人身体上什么部位最重要？无疑是脑袋。所以说，在老北京城中，除了皇上住的皇城，最重要的就是前门了。

都一处烧麦起源店的位置，正好在哪吒脑袋上那张大嘴的嘴边。加上都一处烧麦的很多民间传说，使它在饮食行业中独具一种浓浓的文化品位。

第二节

前门大街的历史演变

传说中，八臂哪吒城是明代所建。其实，北京城的出现比这个要早。

北京这座历史悠久、举世闻名的大城市，不仅拥有3000多年的建城历史，而且有着800多年的建都史，辽、金、元、明、清5个朝代都把都城设在此处。现在我们所说的老北京城，通常情况下是指自元代开始，至明清时期所形成的内外城。

侯仁之主编的《北京城市历史地理》中介绍明清时期北京城的规划与建设："……首先把北平改称为北京，随即开始重新营造北京城的艰巨工程……明初兴建的北京城，乃是在元大都的基础上加以改建而成。"

蒙古中统元年（1260年），元世祖忽必烈从蒙古高原来到了北京。蒙古至元四年（1267年），忽必烈命人开始在距离原金中都城东北3里的地方建造一座新的都城——大都。工程进度很快，到元至元八年（1271年），大都的内城完工，到至元十三年（1276年），大都城全部建成。这座都城就是我们通常所说的元大都。

元大都城的外郭城周长28600米，设有11个城门。除北面是两个城门，其余三面各有3个城门。南面的3个城门，东侧的叫文明门，西侧的叫顺承门，正中间的一门叫丽正门。据说，丽正门这个名字是元代初期的大政治家、元大都的设计制造者刘秉忠给起的。刘秉忠学问渊博，功底深厚，是一个非常著名的学者，一生在天文、卜筮、算术、文学上著述甚丰，有《藏春集》6卷、《藏春词》1卷、《诗集》22卷、《文集》10卷、《平沙玉尺》4卷、《玉尺新镜》2卷等。大元的国号就是他向忽必烈建议——取《易经》"大哉乾元，万物资始，乃统年"之意，将蒙古更名为"大元"。忽必烈采纳了，这才有天下闻名的元王朝。

到明代的时候，明成祖朱棣为迁都北京，对元大都进行了改造，从明永乐四年（1406年）开始，至永乐十八年（1420年），历时15年。在这次改造中，将元大都南面的城墙又往南移了将近1千米。城的东、西两面各减少了1个城门，只有南城墙上仍保留了3个城门。正中间的城门仍保留了丽正门的称呼。明正统元年（1436年）开始修建九门城楼，正统四年（1439年）完工。这时，丽正门也改名为正阳门。人们在说当时的老北京城有一句话，叫“里九外七皇城四”。这就是对应传说中那个“八臂哪吒城”的老北京城。

传说是哪吒脑袋的“正阳门”城楼，是北京到21世纪仍然留存着的唯一一座明清时期建造的城门。今天习惯叫这个地区“前门”，它是北京古城的象征。

如果从有了城门的丽正门时代算起来，前门这个区域的出现已经有近600年的历史了。

◎ 清末时期的前门箭楼和五牌楼 ◎

古人以南为阳，以南为正，中国人对正南中间的这个位置一直是十分看重的。

历史上，北京城各个城门的名字曾几经变动，而在民间，老百姓对一些城门一直有自己的叫法。如把崇文门叫作哈德门，把朝阳门叫作齐化门，把阜成门叫作平则门，把正阳门叫作前门。齐化门和平则门是因为以前那里就叫过这个名字，老百姓叫习惯了不愿意改口罢了，并没有什么特别的意思。崇文门被叫成哈德门据说是因为那里有一座哈德王府。而前门这个名字则纯粹是出自老百姓的意会言传。

正阳门的北面，是壁垒森严的皇城和宫城，是金碧辉煌的王府，是老百姓可望而不可即的地方。它的南面，是北京城的门户地带，拥有最大的交通中心和商业中心。正阳门也是皇帝前往天坛、先农坛举办祭祀活动以及其他重大国事活动时出入皇宫的唯一通道。老百姓把正阳门叫作前门，既是对其实际功能的真实描述，同时也具有浓厚的敬慕之意。

后来随着时代的变迁，城墙和城门都不存在了，哈德门、齐化门、平则门这些名字也就不再叫了，正阳门和城门上的这3个字虽然还在，但人们只有在说到历史事件的时候才会想起它，在日常生活中，前门这个名字则从民间到官方完全取代了它的存在。

在《北京市崇文区志》上有这样的记载："光绪三十一年（1905年）8月26日，革命志士吴樾于前门火车站刺杀出洋考察的清廷大臣载泽等人。吴当场身亡。同年，德国商人开办电灯公司，并于前门火车站安装电灯，为境内供电照明之始。"这本书是2004年编辑出版的，这两段文字并没有注明出处，不知是引自当时的文字记录，还是今人根据现在的常用名推断出来的。但肯定的是，前门作为北京一个地区名称出现的年代，已经被正式出版的志书标示出来了。

梁启超在《中国近三百年学术史》中曾说：最古之史，实为方志。地方志是我们考察史实的一个重要资料来源。前门和正阳门这两个称呼从什么时候开始发生变化，并没有确切的说法。在《北京市崇文区志》这一本书中，记载相同年代发生的事件时，对前门和正阳门这两个地名称呼也是在交叉使用的。

"1900年，京津铁路线修到了正阳门东侧，建正阳门火车站（东站）。"

正阳门火车站就是前门火车站。

前门东站也称京奉火车站，是京奉铁路（北京至辽宁沈阳）的起始站。与前门东站对应，在正阳门箭楼西侧的前门西站是光绪三十二年（1906年）建成的，当时是北京至汉口的起始站。1915年，京张铁路（北京到张家口）从西直门到前门东站段通车。这样，前门地区便成为连接东北、江南和西北的铁路交通枢纽。两个火车站对前门地区的繁荣昌盛起到了极大的推动作用。

在正阳门向前门的演变中，有两件史实是需要引起特别关注的。一是清光绪二十六年（1900年），英、美、俄、日等八国联军进犯北京时，在天坛里面架起大炮，轰炸前门箭楼和城楼，前门箭楼上部几乎被完全烧毁。三年后，袁世凯奉旨重修，于1906年完成修复。再一件事发生在1915年，当时的民国政府为改善内外城间的交通状况，将正阳门与箭楼之间的瓮城拆除，中间修建公路，使正阳门和箭楼分割成了两个完全独立的建筑。

这样，正阳门实际上已经从前门的概念中分离了出去，人们说到前门时所指的那个建筑物就是箭楼。

二十几年前，你要指着正阳门箭楼问那些老北京人，那是什么地方？他们就会一点不打磕巴地告诉你：那是前门楼子。

◎ 进入21世纪的前门箭楼（杨建业摄）◎

自1915年正阳门瓮城拆除这条记录之后，正阳门这个名字就从《北京市崇文区志》的大事记上隐去了，继而载入的是一系列与前门相关联的事件。

1916年8月，前门大街设立北京电报分局，收发国际电报。

1919年，北京证券交易所在前门大街114号开业。

1924年12月18日，前门到西直门的1路有轨电车线正式通车，设14站，全长9千米，配车10辆。这是北京第一条供城市居民乘坐的公交线路。

1931年12月1日，北平学生南下请愿团在前门火车站集结，去南京请愿，要求抗日。北平当局阻拦，学生进行卧轨斗争，坚持数小时后，当局被迫同意学生乘车南下。

1935年，亿兆棉织百货店于前门大街开业。

1955年，前门大街五牌楼拆除。

1956年，老正兴饭馆由上海迁京，在前门大街开业。

1958年，大北照相馆迁入前门大街新址。

1958年，月盛斋从户部街迁至前门大街新址。

1982年，崇文区政府在前门大街试行“门前三包”（包卫生、包绿化、包秩序）责任制。1983年，市政府在全市推广。

1983年，前门大街的国营和集体商业服务业试行经营管理责任制。

1987年4月1日，前门商业大厦建成开业。

……

前门这块地方既是历史的参与者，也是历史的见证者。

历史把众多的发展机遇给予了前门。

1949年中华人民共和国成立后，北京市将原国民党时期划分的20个区进行了规整，按数字编号，分别为第一区至第十六区。1952年9月，北京市再次进行区划调整，将第六区更名为前门区。这是前门正式作为地区名称第一次出现在北京的历史中。当时北京城区内共有7个区，分别是东单区、西单区、东四区、西四区、前门区、崇文区和宣武区。1958年4月18日，经中央人民政府政务院批准，北京市撤销前门区，将其行政区域内的薛家湾、西湖营、打磨厂和巾帽胡同4个街道办事处并入崇文区。1958年9月，崇文区成立前门街道办事处，统管前门地区各项事务。2010年7月，原崇文区与原东城区合并，成立了新的东城区。前门街道办事处成为隶属于东城区的一级政府部门。前门大街上两侧的建筑和商铺，仍统归于东城区。

2006年年底，原崇文区政府启动了对前门地区的改造工程。2008年5月，作为前门地区标志性街道的前门大街基本修复完成。

历史上，前门大街曾经历过4次重大的更新。

第一次是清康熙十八年（1679年）七月时，京师大地震。前门大街上自明代以来修建的棚屋商肆，变成一片废墟。康熙二十四年（1685年），在棚屋的基础上修建成了一层的商铺。

第二次，清乾隆四十五年（1780年）大火。据《天涯闻见录》记载，这次大火焚毁官民房舍4107间，前门大街两侧平均20～30米以内尽成焦土，位于东侧后街（肉市）的著名戏园广和茶楼和大街中间的五牌楼也被全部烧毁。灾后恢复，沿街仍是一层铺面。

第三次，1900年义和团运动和八国联军入侵北京。从当时的照片可见，前门大街被破坏成一片废墟，其后约10年间，陆续恢复。在这次的恢复重建中，前门大街出现了改造店堂的风潮，多数已加至二层或三层。有在中式门脸上加洋装饰的，或在洋门脸上保留中国传统装饰的。

第四次大的变化是在20世纪80年代以后，在老店铺改建时，进行了房屋的整合，兴建了前门文化用品商店、前门复兴商厦大楼、前门亿隆商业大厦等多栋四五层高的钢筋混凝土大楼，前门大街的风貌改变。

2006年后的这次改造是第五次对前门大街动“手术”。这次改造不同于地震、火灾、战争之后的被动之举，也不是店铺的个体行为，而是一次有完善计划的修复、重建。据新闻媒体方面披露的消息，这次整修方案经过32次修改后才最后定稿。

2008年7月13日，《北京日报》刊登了原崇文区人民政府文化顾问、前门大街工程设计总监王世仁撰写的文章——《现代都市商业与当代古都风貌——前门大街整修设计介绍》。王世仁在文章中介绍，前门大街此次大修共完成以下工作：

1. 根据控规，街道总界面两侧共计1513.7米，实际建筑界面1427.2米。

2. 规划范围内原有建筑约40000平方米，保留20760平方米，占52%；规划批准建筑面积42000平方米，保留原有建筑占49.4%。

3. 建筑风貌类别：

1）保存修复历史建筑9处；

2）恢复老字号门面41处；

3）恢复老牌楼、牌坊4处；

4）保留修饰仿古新建筑4处；

5）新建仿历史风格建筑52处；

6）新建有历史符号建筑14处；

7）新建与历史风貌谐调建筑7处。

4. 建筑风貌界面长度比值：

1）保留和再现历史风貌建筑［上项1）、2）、3）、4）、5）合计］1093米，占76.6%；

2）新建有历史符号建筑164.2米，占11.5%；

3）新建与历史风貌谐调建筑170米，占11.9%。

5. 恢复御路长834米，恢复正阳桥桥面铺装1735.2平方米。

6. 恢复已消失了42年的有轨电车。

7. 更新了全部市政设施。

8. 店堂内部基本达到了终端商户的功能要求。

前门大街第五次大修建是一次集改造危险房屋、修复历史风貌、更新市政工程、提升环境品质、规范经营业态于一体的综合性工程。工程完成后，更新了全部危房和市政，保存了全部历史肌理和有价值的历史建筑，提高了环境艺术品质，基本上满足了高端商业的要求，并且回迁了改造前的老字号，是一次里程碑式的更新。

2008年8月7日，北京奥运会开幕前一天，前门大街举行了隆重的开街仪式。当天有5万多游人拥进了前门。

北京奥运会的火炬接力、马拉松比赛等多项活动都曾把前门大街当作活动场地之一。

2009年9月29日，前门大街正式全面开市。当天前门大街共有103家商户开门营业。

经历了全面修缮改扩建的前门大街，被认证为北京市文化创意产业聚集区，被授予“北京特色商业街”称号。

随着前门大街的复建，前门周边胡同街巷的保护也得到了进一步落实。大栅栏和鲜鱼口地区都被列入历史文化保护区。在《北京旧城历史文化保护区保护和控制范围规划》中，对划定保护和控制范围的历史文化保护区中外城部分的主要特色做了很明确的概述：“大栅栏。这是北京著名的传统商业街，建于明代永乐十八年，至今已有570多年历史。自清代以后，这条街的商业更加繁华，进而促进了娱乐业、服务业、旅馆业的发展；清代末及民国以来，成为北京综合性的商业中心和金融中心。解放后，大栅栏仍是北京最繁华最具传统特色的商业街，至今保留着瑞蚨祥绸布店、同仁堂药店、六必居酱园、内联升鞋店、步瀛斋鞋店、马聚源帽店、张一元茶庄、亨得利钟表店、庆乐戏院等京城百年老字号。大栅栏附近的廊房二条、廊房三条、门框胡同、钱市胡同、劝业场等仍基本保持着原有街区胡同的空间特色，并有较多的历史遗存。大栅栏西街—铁树斜街、杨梅竹斜街—樱桃斜街等反映了从金中都、元大都到明清两代北京城变迁的部分历史痕迹。……鲜鱼口地区。鲜鱼口街位于前门大街东侧，隔前门大街与大栅栏街相对应。建于明代，清代始成规模，也是前门地区一条传统的商业街，至今仍有便宜坊烤鸭店、都一处烧麦店、兴华园浴池等多处老字号。鲜鱼口街往东的草厂三条至九条，是一个传统胡同和四合院区。该区的特点是：胡同为北京旧城中少见的南北走向；胡同密集，间隔仅约30米；四合院大门不是常见的南、北开门，而是东、西开门。鲜鱼口地区整个街区占地不大，但遗存的传统风貌甚浓。”这里面提到了都一处烧麦。

饮食界里面开业时间最久的老字号便宜坊的那家老店确实在鲜鱼

◎ 2008年开街后的前门大街（杨建业摄）◎

口里面，它的店面是冲南开门的。因为鲜鱼口是条东西走向的街巷。都一处虽然靠近鲜鱼口的街口，但它店面的门一直是冲西面开的。也就是说，都一处烧麦还是在前门大街的街面上。

不论是过去、现在，还是将来，前门都是北京人生活中不可分割的一个组成部分。都一处烧麦也依然是北京人最好的“那一口”。

第三节

天下商家聚前门

乾隆六十年（1795年）刊行的《都门竹枝词》里这样描写前门的盛况："晴云旭日拥城边，对面交言听不真。谁向正阳门上坐，数清来去几多人。"

众多本已闻名全国的商家店铺，都以能迁到前门地区来开店为幸。

《都门纪略》卷一中记载，前门大街上的"银楼、缎号，以及茶叶铺、靴铺皆雕梁画栋，金碧辉煌，令人目迷五色"。

收录在《北京历史风土丛书》中的《燕京杂记》上，关于前门大街的商铺也有如此记载："招牌至有高三丈者，夜则然灯数十，纱笼角灯，照耀如同白昼。"

到清光绪年间，虽然社会经济走向衰败，但由于京奉、京汉两条铁路分别在前门设立车站，使前门地区成为全国的交通枢纽。到20世纪的二三十年代，前门大街一带更为繁荣。

早在元代，随着大都城商业的发达和贸易交往的频繁，大都城南城墙外，尤其是丽正门和顺承门（宣武门）外的关厢，成为集聚区。居民稠密，市井繁华。又因为这一带靠近金中都旧城，当初中都旧城中未能迁入大都新城的居民，逐渐向大都城南门外移居，使得丽正门外一带成为新的商业区和居民区。

明初，明王朝为了恢复市场，繁荣经济，在正阳门外建房招商。"正阳门前搭盖棚房，居之为肆"（《日下旧闻考》）。北京有一条通惠河，是京杭大运河最北端的一段，这段河也被称作大通河。元朝

◎ 东便门桥船运图 ◎

时期，大通河对北京所起的作用是无可替代的。到明朝时由于河道的变化，进京的码头迁到了北京城东南方的大通桥下。建于明正统三年（1438年）的大通桥，被皇家确定为京杭大运河漕运船只的终点站。船只来往繁盛一时。北京的商业中心也随之由什刹海、积水潭那里，转移到了正阳门一带。

1644年5月，清军入关占领北京。清政府实行旗、汉分城居住的制度，内城房屋一律让给旗人居住，将原内城居民赶到外城居住。据《大清会典事例》记载，清朝初年即有“京师内城永行禁止开设戏馆”之制。许多汉民经营的店铺也被赶到前门外一带落户。

乾隆二十一年（1756年），清政府又以“城内开设店座，宵小匪徒易于藏匿”为由，下令将59座店铺迁移城外。清政府还明文规定，“内城逼迫宫阙、例禁喧嚣”，不许内城开设戏院、妓院和会馆，因此这些场所也一并迁到外城。

到清乾隆年间，前门外地区已发展成为北京最繁华的地区，这里店铺林立，商贾辐辏，居民稠密，百工丛集，商店鳞次栉比，酒肆茶房、戏楼、饭庄、旅店、妓院，应有尽有。

中华老字号是由国家商务部认定的。进入老字号名录的，都是那些在长期生产经营活动中沿袭和继承中华民族优秀文化传统，具有鲜明的地域文化特征和历史痕迹，具有独特的工艺和经营特色的产品、技艺或服务，被社会广泛认同，赢得良好商业信誉的企业和商家。这样的老字号在前门地区多如牛毛。

在明朝“朝前市”基础上发展起来的前门商业区，“前后左右计二三里，皆殷商巨贾，列肆开廛。凡金绮珠玉以及食货，如山积；酒榭歌楼，欢呼酣饮，恒日暮不休，京师最繁华处也”（俞蛟《梦厂杂著》卷二）。这里行业众多，店铺密集。“凡天下各国，中华各省，金银珠宝、古玩玉器、绸缎估衣、钟表玩物、饭庄饭馆、烟馆戏园，无不毕集其中。京师之精华，尽在于此；热闹繁华，亦莫过于此”（仲芳氏《庚子记事》）。前门地区集中了京城最多、最热闹的街市。同仁堂、内联升、瑞蚨祥、六必居、全聚德、便宜坊、都一处等闻名天下的老字号都位于前门一带。

这些老字号的经营智慧、诚信为本的职业道德和谦逊宽和的待人接物之道，给人们留下了深刻的印象，成为北京文化的一个重要组成部分。同时，这些老字号在普通人眼中又有很多神秘的色彩。

1949年以前，北京的那些老字号几乎都是不用北京人干活的。“北京工商业之实力，昔为山左右人操之。盖汇对银号、皮货、干果诸铺皆山西人，而绸缎、粮食、饭庄皆山东人”（《旧京琐记》）。这些由山西、山东人开的北京的老字号，铺规极为严格。学徒要三年零一节才能出徒，而且在学徒期间不能回家，店里和老板家的脏活累活都要干，不光学手艺，倒夜壶、铺床叠被、沏茶倒水之类的杂活也要干。北京人干不来，就甩手走人。所以当年外地开的那些店铺，山东人开的买卖用山东人，山西人开的买卖用山西人。北京人进不了老字号，对老字号里面发生的事又感兴趣，所以讲老字号的故事也就越来越多。

有关老字号的传说中有一些开始时就是真人真事，后来在传讲中有了艺术加工，经多人之口，使事件更集中、更有典型性、更有艺术感染力。前门地区在数百年间都是京城的商业中心，人杰地灵，新鲜事自是层出不穷，这一类的传说出现了很多。特别是那些从事餐饮的老字号，他们自身的食品极具特色，同时又有很多故事传说相伴，自然对顾客有一种巨大的吸引力。这些老字号的存在，也成为北京传统文化的重要代表。

第二章 与传说相伴成长的都一处

第一节　蝠头匾和土龙

第二节　烧麦和稍麦及其他

第三节　山西进京的店掌柜

第一节

蝠头匾和土龙

前门大街上老字号众多。当年北京城里最有名的老字号，大都开在前门大街这一块儿。但要是以传说论名气，那首先当数都一处烧麦了。这家烧麦店的传说是和坐朝的皇上联系在一起的。

一、乾隆赐匾"都一处"

都一处的烧麦名满京城，但你知道吗，它最初只是一家小饭摊。开店的是一个姓王的山西人。他刚到北京的时候，在前门外肉市一家叫"醉葫芦"的酒店当学徒。这个人勤劳朴实，不怕吃苦，手疾眼快，很快便学到了一手招待客人、整理店堂、制作小菜的本领。后来，他在鲜鱼口附近找块地方搭起摊子，挂上写着"王记"的酒葫芦，自己开起店来。再往后又靠积攒下来的钱，盖起了一座只有一间门面的二层小楼。前门大街上著名的酒店、饭馆太多了，生意不好做。这位王掌柜虽然尽心竭力，但十几年下来，仍然生意平平。

老北京城里一进旧历腊月，生意就更不好做了。特别是快到过年的那几天，各家该买的年货都已齐了，官府已封印，戏楼也封台了，街上也见不着什么人了。酒店、饭馆没什么生意，过了午就都收了。却说这一年的年三十晚上，前门大街上的店都关了门，只有王家酒铺的老板没什么事干，便和几个伙计支应着店面，想接待些在外面躲债的酒客，挣几文小钱。快到半夜的时候，就见从店门外面进来三个人。从穿着看就是一主二仆的打扮。主人像个有钱的文人。两个仆人年岁已高，但嘴上没有胡子，每人手上各打着一个纱灯，前后照亮。这三个人被伙计引到楼上吃酒。当时，店里几个喝酒的客人，有的衣帽不齐，有的一边喝酒一边唉声叹气。你想，大年三十到外面来喝酒的能是什么如意之人吗？一看都是落魄失魂之流。但这主仆三人却是面带笑容，举止文雅，吃着小菜，喝着酒，赞不绝口。主人模样的人问伙计："你们这个酒店叫什么名字？"伙计说："小酒店没有字号。"这个人看看周围，听听外面的声音，很感慨地说："这时候，还不关店门的酒店，京都只有你们一处了吧！就叫'都一处'吧！" 伙计以为这是客人的酒话，也没放在心上。但没过几天，几个太监给酒店送来一块写着"都一处"的牌匾。这时大家才知道，年三十夜里来喝酒的那位文人，就是乾隆皇帝。这件事，很快地轰动了北京城。王老板叫人把乾隆皇帝御笔书写的"都一处"端端正正地挂在店中。这块匾，黑漆油饰，字贴金箔，煞是气派。有人叫它"虎头匾"，也有人叫它"蝠头匾"。叫"虎头匾"是因为匾的样子像虎头，叫"蝠头匾"是因为匾的四周都雕刻着蝙蝠的图案。不管叫什么，就冲着乾隆皇帝所赐，挂在堂中，就吸引来无数的宾客。从这以后，人们就都知道京城有个"都一处"了。

◎ 都一处的蝠头匾（便宜坊集团都一处提供）◎

笔者第一次看到烧麦时，也是觉得那样子怪怪的，怎么把包子蒸开口啦?

那时候还小，也就是上小学三四年级。大姑带着我逛大栅栏回来，在都一处吃的午饭。在饭口上进餐厅吃饭时都得等座。果不然，一进门就很挤，都是等座的人。要是吃炒菜的话，上二楼，那里有座。要只吃

◎ 都一处烧麦馆店外的“乾隆题匾雕像”（便宜坊集团都一处提供）◎

烧麦，只能在一楼等。姑姑拉着我的手，在一张桌子后面等人家把座位腾出来。我们等的那两个人已经把烧麦吃完了，面前放着三四个空屉，只是杯子里的一口酒没有喝完，但还是说个没完没了。服务员过来了，说：“两位吃完了就给人家大人、小孩让个座吧。”那两人把酒一干，起身就走了。姑姑对服务员说声谢谢，一边拉着我坐下一边就点菜，问我吃不吃烧麦。

我这是第一次进都一处。刚才等座时，桌上放烧麦的屉里是空的，也没看见烧麦什么样。我问姑姑什么是烧麦。姑姑说就跟包子差不多。我说我吃。当时，服务员都是按屉给开票的，姑姑要了两屉烧麦，一屉猪肉的，一屉三鲜的。等一上来，我吃了一惊。这“包子”怎么是开“花”的？而且“花”上面罩着一层干面，第一口吃到嘴里只觉得噎得慌。我说不好吃。姑姑说，这可是皇上吃过的东西，你还觉得不好吃？我听姑姑这么说，觉得怎么也要吃下去，皇上吃的东西肯定是好东西，我吃不出好来，肯定是因为我还小，太不懂事了。我接着往下咬，吃到馅了。别说，这下觉出好吃了。

两屉烧麦吃完，我觉得还没饱。姑姑说那就再来一屉。可服务员说吃完再加等的时间长，后面很多人在等座。姑姑只好拉着我走了。

回到家里，爸爸听我说吃都一处的烧麦去了，跟我说："那里原来不叫都一处，应该叫独一处的。当时皇上到这家店里来吃烧麦，就是因为别的店都关门了，只有这一家开着，所以才给它题的店名。你想，只有一家，肯定是独一处，怎么会是都一处呢？"爸爸问我看见店里的"土龙"没有。我说没注意。爸爸就给我讲了都一处"土龙"的故事。

二、都一处的"土龙"

北京城里有名的都一处，其实应该叫"独一处"。说它有块乾隆皇帝题的匾，那也做不得数的，因为据说乾隆皇帝当年御笔亲写的3个字是"独一处"，根本不是"都一处"。

乾隆十七年（1752年）的年三十晚上，乾隆皇帝去通州微服私访回来，走到前门大街上的时候，天已经很晚了。街上看不到人，店铺也都打烊了，只有一家挂着"王记酒铺"招牌的小店里面还亮着灯。乾隆皇帝便带着随从进店吃饭。店家给乾隆皇帝上了一屉烧麦。饿得两眼发花的乾隆皇帝吃到口中，觉得味道鲜美无比。他问店主小店叫什么名。店主回答说没有名字。乾隆皇帝看了看周围，听了听外面的爆竹声，很感慨地说："这个时候还开门营业的，恐怕这京城里就只有你们这一处了，就叫'独一处'吧！"乾隆皇帝回宫后题了"独一处"这3个字，并差人制成"蝠头匾"送到店里。没有招牌的"王记酒铺"从此就叫"独一处"了。

"独一处"不光有了名字，还出了另一件奇事。

京城这个地方风沙很大，屋子里关着门也常是一层土，像酒店、饭馆这种开门迎客的地方，地上更是土盖脚面，所以只要客人一少，小伙计们总是不停地洒水、扫地。乾隆皇帝到“独一处”来过之后，从他进店到柜台走过的那段路被店主当作“龙道”，任何人进店都不许踩，自己人扫地时也不许再打扫。这样，日久天长，这条“龙道”上泥土越堆越高，便形成一道土埂，被人们称为“土龙”。这条“土龙”成了北京城里有名的“古迹”，和永外的“燕墩”齐名。

这件事还被记载在了书上。

《都门纪略》的书上就记着：“土龙在柜前高一尺，长三丈，背如剑脊。”当然，文人记事的真假只有写书的人自己清楚。不过另一件事可是真的。

◎《都门纪略》中有关都一处的记载 ◎

在清嘉庆二十四年（1819年）的时候，有一个从苏州来的文人到了北京，据说这人姓张。这姓张的文人慕名到“独一处”来品尝烧麦，酒足饭饱之后，提笔写了“都一处土龙接堆柜台，传为财龙”几个字，同时还留下一首诗：“一杯一杯复一杯，酒从都一处尝来。座中一一糟邱友，指点犹龙土一堆。”他也是道听途说，加上酒喝多了，把个“独一处”写成了“都一处”。

当时笔者接触到的很多人，包括爷爷那一辈的人，日常聊天时也大都管“都一处”叫“独一处”。不知是不是受这个传说的影响。

那个时候，在外面餐厅吃一次饭也不是常有的事。笔者再吃到烧麦，已经是上中学的时候了。再后来，自己挣钱了，在外面吃饭也不是什么难事了。但是这时候的前门大街，北京人已经去的不多了，所以，到都一处吃烧麦的时候很少。

开始从事非物质文化遗产保护工作后，笔者才比较全面地了解了都一处和它的烧麦。

第二节

烧麦和稍麦及其他

烧麦的制作工艺很是复杂，也很有特色。都一处烧麦里的老师傅们有这么一句话，说："烧梅好吃难和面，皮薄包馅打花难。"一只烧麦从制作到成品需要16道工序之多。与其他面点不同，擀烧麦皮、包烧麦的过程，既具技术含量又有很高的欣赏价值。

在都一处烧麦制作技艺申报非物质文化遗产项目的资料中，是这样介绍烧麦的制作的：

◎ 都一处烧麦（杨建业摄）◎

一个三寸大小的白面皮，要用中间粗、两头细的"走槌"擀成二十四节气花褶。二十四个节气就得有二十四个花褶，缺一不可。面点师右手执"走槌"，左手把二三十个烧麦皮用面粉沾裹后，开始擀。不大工夫，一张张整齐划一，大小一样，四边皱起，花褶均匀，形似芭蕾舞裙的波浪花纹、荷叶花边或麦穗花边的烧麦皮就从手下飞了出来。装上馅后，手一扭一抹，手中就开出了一朵"梅花"。每只烧麦皮中装进的馅重量相等，大小一样，连扭成的花褶也一样。上笼蒸熟的烧麦清白透明，顶端泛着白霜，皱纹整洁清晰，酷似丛丛麦穗、朵朵梅花，赏心悦目，香气扑鼻，令人食欲大开。据说这就是为何在古时，人多称此小点为"烧梅"的原因。

其实，烧麦并不是只有北京这地儿才有的面点。北京的市面上经营烧麦的店铺也并非只有都一处一家。当年北京城里卖烧麦的店铺很多，叫法也有好多样。经营烧麦的店里挂的水牌上，有写“烧麦”的，有写“稍麦”的，还有写成“稍美”“烧梅”“稍卖”或“稍梅”的。清朝乾隆年间，诗人杨米人的《都门竹枝词》中就有“稍麦馄饨列满盘，新添挂粉好汤团”的诗句。

烧麦是怎么来的？说法也很多。

《清平山堂话本》中有一篇叫《快嘴李翠莲记》的故事，文中，李翠莲在夸耀自己的烹饪手艺时，说：“烧卖、匾食有何难，三汤两割我也会。”《快嘴李翠莲记》说的是东京城里的故事，应该是发生在宋朝时期。照此推断，宋朝时就有烧麦了。但《清平山堂话本》的编者洪楩是明代嘉靖年间的人，他说的这事只存在这个话本里，其出处的说法难以考证。

在元末明初出版的专供朝鲜人学习汉语的教科书《朴通事》上，有元大都（今北京）出售“素酸馅稍麦”的记载。该书在“稍麦”的注释上有“以面作皮，以肉为馅当顶做花蕊……皮薄肉实切碎肉，当顶撮细似线梢系……故曰稍麦”之句。照此一说，元朝时烧麦已经出现。

民国期间，北京、天津等地的饭馆也有以“归化城烧麦”“正宗归化城烧麦”的招牌来吸引顾客的。那意思似乎是说，这烧麦是从内蒙古那边传过来的。历史上，呼和浩特城曾被称作“归化城”。现在呼和浩特市里仍有饭馆经营烧麦，最有名的是羊肉馅烧麦。虽是羊肉，其在口中毫无腥膻之虞，鲜香美味。

据说，早年归化城的茶馆里出售一种似包子又非包子的点心，食客一边喝着砖茶，一边就着吃这种点心。茶馆自然是以卖茶水为主，点心只是“捎带着卖”。久而久之，这种点心就被简称为“稍卖”了。因为“卖”字欠雅，故取同音“麦”字代替，便成了“稍麦”。有人觉得茶馆里可以“捎带着卖”，正规的饭馆用“稍”字就欠妥了，于是，取“烧好便卖”的意思，改名为“烧卖”。

也有人说烧麦之所以叫稍麦，是因为北方小麦生长到每年的四五月间，麦穗开花处远远望去，就如同上面长满了白色的花粉。花粉越多，麦粒就会越饱满，收成越好。为了庆祝粮食丰收，人们就做出了这一种包子不像包子、蒸饺不像蒸饺，样子看上去像麦的吃食。为了仿照得像那样子，烧麦收口处用的白面粉是事先蒸熟了的。这样，蒸熟的烧麦上面那层薄薄的干面粉，就如同成熟麦穗上的那层花粉了。

至于稍麦、稍卖之类的称呼怎么最后都变成了烧麦，也没有十分明确的说法。

吃的东西，想叫什么就叫什么，也没有一定之规。虽然皇上来过了，但在都一处的菜牌上，很长一段时间，“烧麦”二字还是被写作“稍麦”，直到1945年才改写成了“烧麦”。

第三节

山西进京的店掌柜

北京都一处以烧麦闻名天下。它的创始人，有说是姓王的，也有说是姓李的。现在都一处的经营者，认可姓王的说法。

都一处烧麦制作技艺申报国家级非物质文化遗产名录的论证报告中指出：都一处第一代创始人王瑞福去世后，由其子第二代传人王领玉接替；王领玉去世后，由其长子第三代传人王鸿儒经营北京都一处，其次子王鸿才经营山西省浮山县城内“德庆永”杂货店。此时，王家已发展成浮山县北井村的大财主，家里有厨子、女用人，出门坐小轿车子（马拉铁轮小篷子车）。第三代传人王鸿儒去世后，由其妻王盖氏接替。当时女人不便出头露面，将王鸿儒的表弟李德馨请来任掌柜。到1956年公私合营，东家仍是王盖氏的名字，投资定股2000元，每年股息100元，由王盖氏领取，李德馨任私方经理。当年，因无子女，王鸿儒收养了一个儿子，取名王延虎。但王延虎长大后不务正业，也不管王盖氏，后来回原籍，于1970年病故。公私合营时王盖氏曾要求参加工作，因其年老未批准，于1970年回山西老家，两年后病故。李德馨于1960年去世。

此报告可证，都一处由李姓所创为误传。

这姓王的，说的是山西省浮山县北开村人王瑞福。

当年山西人到北京来做买卖的很多，其中不少人都发了财。王瑞福选择到北京前门大街上来开都一处之事，也有很多传奇的说法。

当年，王瑞福从山西老家骑毛驴、搭脚车，历经千辛万苦来到北京，投宿在前门外鹞儿胡同的浮山会馆。浮山会馆建于雍正七年（1729年），是山西浮山县人在京的落脚之地。一天，王瑞福正躺在会馆后院的土炕上，寻思着自己在北京的出路。门帘一掀，进来一位同乡。这位同乡在北京以算命谋生。王瑞福想试一试手气，就抽了根签。这位算命的同乡看了之后，说：“老弟福在眼前，快到前门大街鲜鱼口南摆酒缸

（开酒铺）去吧！” 王瑞福听后，就招呼两位同乡，在会馆“首事”（召集人）的帮助下，在前门大街鲜鱼口南边开了家小酒铺。那时的酒铺为了招徕生意，都在门前挑起竹竿，再挂个酒葫芦当幌子。正巧路西一家酒铺要换葫芦，王瑞福便把那家的旧葫芦讨过来，在自家门前挑了起来。“王记酒铺”在乾隆三年（1738年）就开业了。

从小在山西老家跟着“跑大棚”（办红白喜事）的王瑞福，有一手制作“糟肉、凉肉、马莲肉”的手艺。“王记酒铺”开创时期主要经营西洋酒“佛手露”和自制的“糟肉、凉肉、马莲肉”等小菜。这一“中西搭配”的经营形式，吸引来不少食客。

一晃几年下来，王瑞福有了些积蓄，便在鲜鱼口南边路东买了一块地皮，盖起二层小楼，酒铺成为正式的饭馆，主营炒菜和烧麦、饺子、馅饼等。酒铺的门前仍然挂着那个招徕生意的酒葫芦，因为饭馆没有起名字，人们还是习惯地称其为“王记酒铺”或直呼其为“碎葫芦”。

就在这座二层小楼里，王瑞福迎来了那个喜爱微服私访的乾隆皇帝。

这段传说的出处现无从查考。

在中央电视台做《百家讲坛》节目时，清史专家阎崇年讲过《正说清朝十二帝》。他以一个清史权威的身份，否定了皇帝微服私访这种事发生的可能性。

“康熙微服私访，一、绝无意识；二、绝无必要；三、绝无可能。”阎崇年解释，“微服私访”是现代人的意识，清朝皇帝有皇族的傲气，绝不可与一般老百姓在乡下小酒馆里勾肩搭背。再说，康熙皇帝不需要微服私访，因为他有一个“密折”制度，就是秘密报告，奏折写好了，封在一个小箱子里，不经过任何中间环节，直接送到康熙皇帝的御案桌上，底下县官是勤是懒，是贪是廉，通过这密折，康熙皇帝就能知道得一清二楚。第三，那时候宫里出来的人，一举手，一投足，都跟普通人大不一样，要装成个普通乡下人，哪能装得像？（2005年5月15日《金陵晚报》记者姚媛媛《把学问当评书讲，把历史当故事说——昨日，著名清史研究专家阎崇年走进第十期市民学堂》）

这种事正史上不存在，但民间仍然有很多皇帝微服私访到某处去品尝美食的传说，特别是有关乾隆皇帝的。为什么会出现这种现象呢？

这与老百姓对皇家的崇拜心理有关。

在封建社会，普通老百姓没有政治地位，也无法自主地占有社会资源。官僚、地主等阶层拥有的要优于老百姓，皇家拥有的一切则是当时最好、最顶端的。在现实生活中，如“满汉全席”这种东西，普通老百姓是不可能吃到的，有些人甚至听都没有听说过人间还有这种美食。

但人们向往美好之心，是永无休止转动的车轮。见不到的东西人们会想象。皇帝和妃子们在故宫中吃的东西，老百姓摸不着门。可老百姓也想尝尝皇帝和妃子们吃的东西，怎么办？那就让皇帝出宫来呗。皇帝进了大街上的馆子里面吃完一抹嘴走了，那馆子可还留在当地啊。皇帝吃过的东西，那馆子为了生意还要接着做啊，这样，老百姓不就也能吃到皇帝吃过的东西了吗？

都一处是前门这条街上的餐馆中，皇帝微服私访传说的最大受益者。

据店里的人回忆，传说里面提到的那条“土龙”的确在店里存在了很长时间。到民国期间，每年春节店里做扫除时，都要将“土龙”铲一次，进行维护和“美化”。到日伪时期，“土龙”已高不到5寸。至1956年合营时基本铲平，但留存的根基仍比两旁的地面要高一些。

都一处的招牌代替“王记酒铺”和“碎葫芦”后，店里的生意越来越好，但烧麦这种食品并没有特别走俏。都一处之所以后来给烧麦正了名并专营烧麦，是因为店内的一次变故。

据传，在20世纪二三十年代，都一处店里的生意很赚钱。但是，当时的掌柜整天吃喝玩乐，把赚的钱都挥霍了。店里干活的人挣的钱很少，日常的伙食也很差，尽是窝头咸菜。因此，大家很生气，认为赚了钱也拿不到，索性给他往外甩，把店给赔光算了。本来烧麦用水打馅，厨房给改成一半水一半油。馅里也多放虾仁、蟹肉，叫老板少赚钱。可这样一来，烧麦的质量提高了，非常好吃，人们都到都一处来吃烧麦。久而久之，来都一处吃饭点烧麦的人越来越多，供不应求。店里就把饺子、馅饼都停了，专营烧麦。

都一处专营烧麦后，烧麦的制作越来越讲究。应时当令，花样繁多。春季有春韭烧麦，夏季有西葫芦烧麦、素馅烧麦，秋季有蟹肉烧麦，冬季有猪肉大葱烧麦。还有以虾仁、海参、玉兰片为馅的三鲜烧麦等很多品种，四季不断。

◎ 20世纪80年代时期的都一处（便宜坊集团都一处提供）◎

◎ 被列为北京亚运会指定餐厅的都一处（便宜坊集团都一处提供）◎

1989年，都一处系列烧麦获得“金鼎奖”。1991年，在上海举行的全国烹饪大赛上，都一处烧麦制作大师宣和平制作的烧麦获得第一名。2012年，都一处烧麦馆获得“中华餐饮名店”称号。

◎ 都一处烧麦获金鼎奖证书（便宜坊集团都一处提供）◎

◎ 都一处获中华餐饮名店标牌（便宜坊集团都一处提供）◎

都一处于1956年1月13日实现公私合营，1958年由鲜鱼口南迁到鲜鱼口北，1964年进行扩建翻修，仍为二层小楼。1997年，都一处改扩建成三层楼的餐厅，内设三个大餐厅和一个外宾厅，一楼主要经营普通烧麦，二楼、三楼经营中、高档烧麦和山东风味炒菜。2002年企业进行股份制改革，成立北京前门都一处餐饮有限公司，成为北京便宜坊集团有限公司控股子公司。2008年，都一处在整修后的前门大街重新开业，仍为两层楼房。当年，都一处烧麦制作技艺入选了第二批国家级非物质文化遗产名录。作为中华老字号，前门都一处烧麦获得多项荣誉。

◎ 都一处获中华老字号标牌（便宜坊集团都一处提供）◎

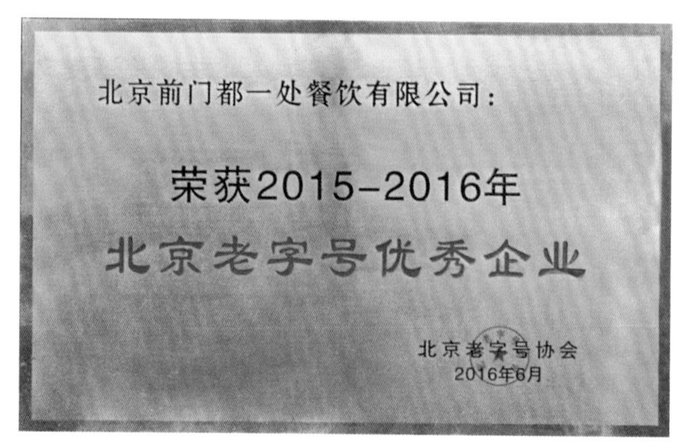

◎ 都一处获北京老字号优秀企业标牌（便宜坊集团都一处提供）◎

◎ 都一处获北京餐饮十大老字号品牌标牌（便宜坊集团都一处提供）◎

以传说故事闻名天下的都一处烧麦馆，用一种面点，在中华美食林中占有了自己的一席之地。

传说乾隆皇帝题写的那块蝠头匾，曾被人从墙上取下来毁掉。这些人用菜刀冲着蝠头匾砍了两下，没有砍动，于是将匾交给烧锅炉的老工人杨海泉，要他将匾劈了烧锅炉。但杨海泉只是将匾放在木柴垛底下，并没有烧。过几天，那些人又来问蝠头匾是否烧了？杨海泉说："匾烧完了，只剩下这两个托。"他当着那些人的面将原来墙上挂匾时用的两个托扔进了锅炉里。此后，再无人过问这块匾。1981年，杨海泉看到"同仁堂""六必居""月盛斋"等老匾都挂出来了，便向领导建议将"都一处"匾也挂出来。本以为蝠头匾早已不在的店领导十分惊奇。杨海泉将私藏匾的情况说明，从木柴垛底下将匾找了出来。木柴垛下埋了10多年的蝠头匾已破旧不堪。拿出去修，无人敢接这个活儿。最后找到专门给故宫修复牌匾的一位老师傅，用修复故宫牌匾的边角余料修复好，重新挂在了店中。

当年，很多文化名人都是都一处的常客。著名京剧演员谭富英、张君秋、裘盛戎等经常光临都一处。

◎ 郭沫若为都一处题字（便宜坊集团都一处提供）◎

1964年秋，郭沫若到都一处观赏乾隆皇帝御赐的“都一处”蝠头匾，并为其题写新的匾额。郭沫若的夫人于立群也为该店手书了高2米、宽3米的诗词。皇帝传说、名人题字、英才会聚、文人诗词积淀了都一处的“名店”文化，而都一处烧麦更是被人们视为美馔名品，吸引着八方食客。

2008年，都一处在重新开街的前门大街上恢复营业后，笔者曾想去店里品尝一下21世纪的烧麦。但几次经过它的门前，都见店门口排队等待的人有一长溜儿，只好打消了这个念头。

2010年文化遗产日的时候，东城区在天坛北门旁的那家中华民族珍品艺术馆里面举办全区的非物质文化遗产保护成果大展。我们邀请了很多非遗传承人到现场进行表演，其中也有都一处烧麦的传承人吴华侠。我们请她现场制作烧麦。因为现场没有蒸制的条件，便答应参观的观众，如果有喜欢都一处烧麦的，可以把包好的生烧麦买走，带回家去吃。于是，自从展厅开门的那一刻起，吴华侠就一直在不停地用走槌擀皮、包烧麦。每天，吴华侠和帮她一起工作的人，都要把他们带到现场去的面用完了才能抬起头来。

可见人们对都一处烧麦的喜爱程度。

◎ 2008年重张开业后的都一处（便宜坊集团都一处提供）◎

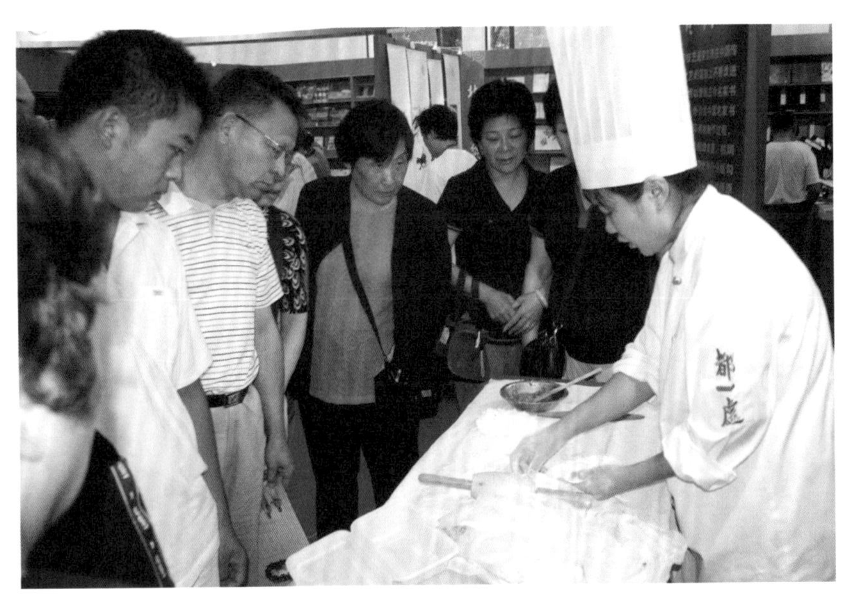

◎ 吴华侠现场表演烧麦制作（便宜坊集团都一处提供）◎

第三章

都一处烧麦的制作

第一节
烧麦制作技艺的16道工序

◎ 四季烧麦汇总（便宜坊集团都一处提供）◎

都一处早期经营烧麦时，多以猪肉做馅。专营烧麦后，烧麦的制作越来越讲究，品种也日渐丰富。应时当令，花样繁多，虽然说有四季烧麦、三鲜烧麦、双色烧麦等多个品种，但基本制作工序还是大致相同的。

烧麦制作工艺复杂，需16道工序，每一道都有它的讲究，缺一不可，只有这样才能呈现出传承真味，体现出匠心技艺。

第一道工序：选面——选用精选的高筋面粉，日照长，生产周期长。

第二道工序：蒸面——把面粉倒在盘子里，用保鲜膜封上，上锅蒸45分钟即可。

◎ 蒸面（吴华侠摄）◎

第三道工序：筛面——将蒸熟的面粉取出，把熟面粉用罗筛一遍（做干面备用）。

◎ 筛面（吴华侠摄）◎

第四道工序：和面——将未蒸的面粉倒入盆中，按1斤面4两水的比例把面和匀备用（手光、面光、盆光）。

◎ 和面（吴华侠摄）◎

第五道工序：饧面——和好的面放入盆中，用略微潮湿的屉布全部把面覆盖，饧20分钟备用即可。

◎ 饧面（吴华侠摄）◎

第六道工序：揉面——把饧好的面再次进行揉光，然后切成3厘米厚度，切制成条备用。

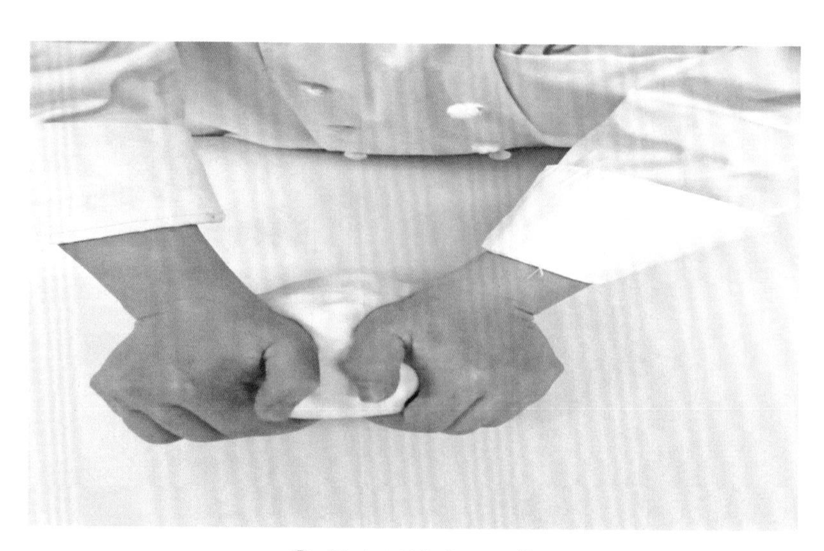

◎ 揉面（吴华侠摄）◎

第七道工序：搓条——将切制好的条搓制成直径为2厘米的圆条。

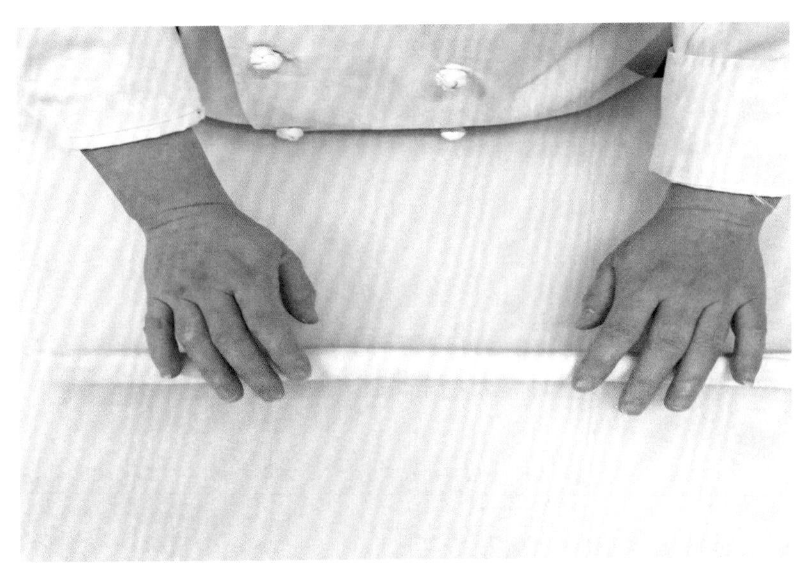

◎ 搓条（吴华侠摄）◎

第八道工序：下剂子——把搓好的面进行下剂子，揪成大小10克左右的圆剂子备用。

◎ 下剂子（吴华侠摄）◎

第九道工序：刷油——把揪好的剂子放入盘中刷上油备用。

◎ 刷油（吴华侠摄）◎

第十道工序：打底——把剂子取出按扁，用枣核状的擀面杖进行打底，擀制成饺子皮状备用。

◎ 打底（吴华侠摄）◎

第十一道工序：擀皮压花褶——将摆好的底，用走槌进行压花褶，擀制出直径为3.3寸（1寸≈3.33厘米），边薄0.5毫米，“心儿”厚1毫米的烧麦皮。另外，每个擀制好的烧麦皮上加上干面大概15克左右，花褶至少不能低于24个，代表中国的24个节气。

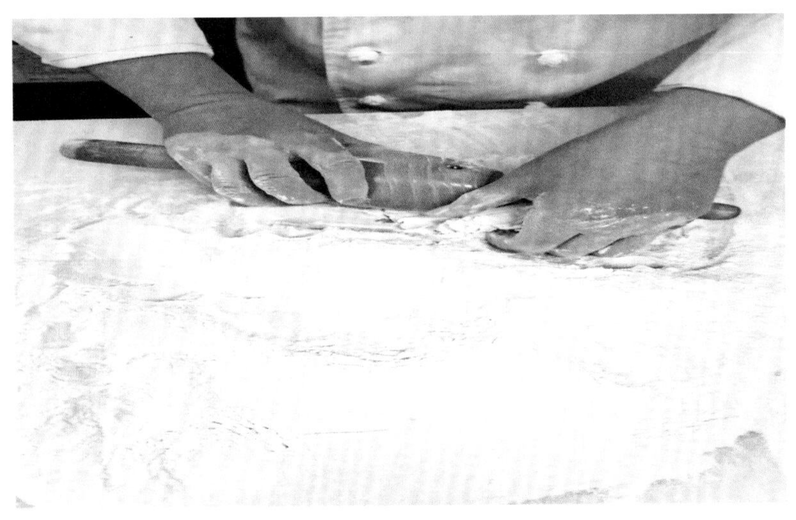

◎ 擀皮压花褶（吴华侠摄）◎

第十二道工序：选馅料——精选出需要拌馅的一切原材料及吊汤的原材料。

◎ 选馅料（吴华侠摄）◎

第十三道工序：吊汤——将黄油老鸡、鸡脚、猪脚和老鸭熬制8个小时后自然放凉，留第二天备用。

◎ 吊汤（吴华侠摄）◎

第十四道工序：拌馅儿——选用去皮前腿肉，肥瘦比例为3：7，改刀搅碎，加入盐等调料及之前吊好的骨汤搅拌均匀备用。

◎ 拌馅儿（吴华侠摄）◎

第十五道工序：包制成型——取拌好的25克馅料，包入一张烧麦皮中，逆时针收口，使整体呈现“石榴状”，顶端似盛开的花朵。

◎ 包制成型（吴华侠摄）◎

第十六道工序：蒸制——将包制好的烧麦均匀地码放在笼屉中，蒸箱（蒸锅）烧开水上气后，加入包制好的烧麦，蒸制5～8分钟。蒸熟的烧麦表皮透亮，顶端泛着白霜，酷似朵朵白花。

◎ 蒸制（吴华侠摄）◎

上图中是现在用的蒸锅：因为城市管理的严格限制，都一处的店里目前已经不能使用传统木柴和煤炭烧制的炉火，而是改用以气、电为加热原料的蒸箱、蒸锅等。

经过这16道工序，一笼鲜美怡人的烧麦就可以上桌呈现给翘首企盼的顾客了。

第二节

走槌制皮

走槌制皮也叫压花边，是都一处烧麦制作技艺中最核心的一道工序。走槌是国人制作面食时广泛使用的普通擀面杖的一种变异。走槌制皮的精绝之处就在于对走槌这种工具的运用。

这种制皮工具与普通的擀面杖不同之处在于，它在原本粗细大致相同的一根短木棍中间套上了一个箍轴。这个箍轴所用材质与短木棍一样，但比原本的木棍要粗壮很多，直径增大了一倍以上，表面的弧度也有所不同。

◎ 走槌及待擀制的面皮（吴华侠摄）◎

一根普通的擀面杖多是中间部分比两头略微粗一些，但差别不大。在擀面皮时，擀面杖的整体与被擀的面团下部的面板基本是平行的。擀面杖的两个头部的悬空感几乎可以忽略不计，这样在擀制面皮时，使用的力道比较容易掌握。但对于很多中国人来说，用擀面杖擀面皮仍然不是一件驾轻就熟的事。而走槌由于中间部分的特别鼓凸，使一般人在擀面皮时无从着力。烧麦之所以选用不易掌握的走槌来制作面皮，主要是只有用这种工具，才能用最佳的方式制作出如花朵般盛开的形状。

◎ 走槌及擀制好的面皮（杨建业摄）◎

包烧麦和包包子有很大的不同。包包子时，顶部封口的褶是往里收的，而且面皮褶子一定要收死了。这样才可以避免包在皮里面的馅料和汤汁在蒸制的过程中外泄。特别是那些南方的汤包，为了保证包子里面丰盈的汤汁在蒸熟后不外泄，包子皮顶部封褶是一定要死死地封住才成。

烧麦则完全不同。

包好的烧麦在上屉蒸制前，顶部就是开口的。如果不是用走槌擀出的面皮来包制，既不可能防止馅料和汤汁的外泄，其整体形象也无法交代。或者说得严重一点，不用走槌擀面皮，就包不出烧麦来。

在用走槌擀面皮前，要先和面。

1978年中国实施改革开放，逐步进入市场经济。在这以前的很长一段时期，粮食实行的都是统购统销政策。市场上供应的可食用面粉，主要划分为标准粉和富强粉两种。标准粉的加工工序相对简单或者说粗糙一些，加工后的面粉中，含有的谷物成分多一些，颜色较深。富强粉属于精加工的面粉，质地较白。分出等级批号的高等级富强粉，颜色可接近“雪白”。从两种称谓就可以感受出，这两种面粉的划分，是社会经济不太发达时的产物。

与富强粉制成的面食相比较，用标准粉做出来的面食颜色更深一些。富强粉制作出的烧麦的口感，也较标准粉的更好一些。在改革开放以前，都一处前门店出售的烧麦，一度也分为标准粉和富强粉两种，售价上富强粉的更贵一点。后来，逐步改成由标准粉和富强粉两种面粉调配的面粉。这种面粉在外观和口感上比单纯的标准粉和富强粉更为大众所接受。

改革开放后，市场经济发展，餐馆对食材和物料的选择渠道扩宽，社会大众健康理念的逐步成熟，对使用面粉的选择也更为多样。这为都一处烧麦制皮时选用的面粉，提供了广阔空间。

自2009年重新回归前门大街后，都一处烧麦馆在坚持传统做法的同时，也在不断开发适应当代顾客需求的新品种。目前，店里可根据不同的烧麦品种，调制出多种成分的面皮用粉。

制作烧麦的面皮需要先把饧透的面，揪成大小相同的圆剂。用手将圆剂压成扁平状，以便用普通的擀面杖擀制成饺子皮。

把擀好的饺子皮用准备好的熟面粉铺在上下两面。熟面粉要铺得较厚，每一张擀好的面皮都似乎是从熟面粉中“捞”出来的。

一个个3.3寸大小的白面皮，经过走槌这样一擀后就呈现出来了。这个用走槌擀面皮的过程行话叫“压花”。

用走槌加工烧麦皮时，要将10张左右的面皮摞在一起来擀。走槌沿逆时针方向在面皮上旋转，当面皮的边缘上擀出荷叶边或者花边的形状后，就可以弹去多余的面粉，准备填装馅料了。

一张标准的烧麦面皮的厚度，边的部分约0.5毫米，中间被称作“心儿”的那部分约1毫米。

◎ 加入了蔬菜汁的烧麦皮 ◎

传统说法是，烧麦的皮用走槌能擀出24个褶，代表中国农历的24个节气。

也就是说，一年的时光都融在了一张烧麦的面皮上。

第三节

馅料的配制

都一处烧麦最初以猪肉、牛肉、素馅烧麦和猪肉、海参、虾仁为馅料的三鲜烧麦闻名。后来根据季节时令的变化，又陆续制作出了用鱼肉、蟹肉、虾肉等入馅的海鲜类烧麦。但多数以猪肉为主料，不同馅料配制出来的烧麦，一馅一味，各具特色，味道都很鲜美。

20世纪80年代以后，随着改革开放和人们生活水平的不断提高，都一处的厨师们守本创新，在传统制作工艺的基础上，拓宽选料，将干鲜果品、时令蔬菜和山珍海味等入馅，又开发出了山楂烧麦、一品红烧麦、枸杞烧麦等滋补类烧麦。在丰富口味上也不断改进，借鉴全国不同菜系的口味和调料，推出酸、甜、咸、鲜、香、辣等十几个系列30多种烧麦，如鱼香烧麦、麻辣烧麦、吉利（鸡粒）烧麦、乌龙吐珠烧麦等。

如今都一处的烧麦品种虽多，但所谓万变不离其宗，其馅料主要还是以大众喜爱的猪肉、羊肉、牛肉为主，再辅以其他配料组成的。都一处店铺每天销售量最大的也是猪肉、牛肉、羊肉及三鲜馅的烧麦品种。

制作带馅食物看似简单，但想要调配出口感鲜美、营养均衡的馅料，实际有很多讲究。制作猪肉大葱馅的烧麦，制馅时首先要做到对屠宰后猪身不同部位肉质有清晰的认知。分割成的猪肉有里脊肉、通脊肉、后腿肉、前腿肉、五花肉、前肘、后肘等不同部位，适用于制作时的不同用途。专业餐馆的厨师都会熟练掌握不同部位猪肉的用途。猪肉炒着吃要用前后臀尖，炖着吃用五花肉。要用于做馅，不论是饺子、包子，还是烧麦，都要选用猪前臀尖的肉。前臀尖肉纤维细、口感好，非常适于做馅。

生活中常用的馅料并不是很多，其中植物性来源有韭菜、白菜、芹菜、茴香和胡萝卜等，动物性来源有猪肉、牛肉、羊肉、鸡蛋和虾肉等。这些原料本身营养价值都很高，互相搭配起来也有益于营养平衡。但在实际应用于馅料中时，为了让馅料更加香浓味美，人们常常喜欢往馅料里添加大量肉类、油脂等。馅料所用肉类如有七分瘦，脂肪含量也已经超标。即使是脂肪含量较低的鱼虾类制成的馅料，再添加动物油脂改善口感，就会带来大量的饱和脂肪和热量，对健康非常不利。

要达到带馅食品的真正营养均衡，首先要从原料入手，降低肥肉和动物油脂的用量，提高蔬菜用量。可是肉放少了又会影响口感。怎么去解决这个问题呢？营养师建议，肉类馅料应该尽量多地搭配富含膳食纤维和矿物质的蔬菜，同时不妨再加一些富含可溶性纤维的食物，如香菇、木耳、银耳以及各种蘑菇（抗癌的好食品），还有海带、裙带菜等藻类食物，还有调味品葱姜。葱姜等调料有杀菌功效。这些食物不但能够改善口感，还能帮助减少胆固醇和脂肪的吸收量，控制食用肉馅后血脂的上升。另外，竹笋、梅干菜等也有吸附脂肪的作用。同时还要注意，食用这些馅类食品时不宜再吃高脂肪菜肴，而应搭配清爽的凉拌蔬菜。而粉丝之类纯淀粉食物营养价值低，不应作为馅料的主要原料。

制作蔬菜馅料时，传统做法都要挤掉菜汁，但这就使其中的维生素等营养成分流失。制作馅料要考虑膳食的酸碱性种类的比例，按照膳食酸碱均衡的原则，酸性的肉类食品应当与碱性的蔬菜原料相均衡。比如，在制作馅料时，1份肉类搭配3份未挤汁的蔬菜原料，才能得到较为合理的组合。同时制作馅料时还要因人而异，如老人动脉硬化患病率高，血脂偏高者多，给他们做馅，可以多用新鲜蔬菜，馅料清淡一些，馅剁得细腻一些；给孕妇做馅，可以针对她们需要大量优质蛋白质、钙、铁等的情况，选用含这些营养素多的鲜蛋、瘦肉和绿色蔬菜等，以此来补充她们身体内所需要的营养成分。

蔬菜较多、肉很少的馅料，水分含量高，容易“散”。煮食则营养损失较大，口感也差一些。可以选择煎、蒸等烹调的方法。而肉类较多的带馅食品，适合用来煮食、蒸食，尽量少用油煎、炸等烹调法，避免额外增加脂肪含量。

都一处烧麦的馅料制作就遵循了荤素搭配的讲究和营养搭配的原则，延续传统的制作工艺，至今已经保留住了300多年的老味道。

第四节

创新烧麦

一、“双色情人烧麦”

2005年底出品的这款烧麦的皮是由蔬菜胡萝卜和菠菜榨汁和面而成，烧麦的中间部分为红色，外面一圈为绿色，寓意红花配绿叶，像一束花一样，其馅料由玫瑰花、马蹄和虾仁组成，把马蹄洗净切碎，将虾去头、皮和虾线，洗净后，虾仁一半切丁一半切泥，然后和玫瑰花一起放入一个盆中，加入盐、味精、胡椒粉和香油等调料搅拌均匀成馅料，放入擀制好的烧麦皮中包制成型。

这款烧麦由吴华侠创制。2001年2月14日下午，吴华侠在店里看到一个帅气的小伙子坐在窗边，拿着一大束玫瑰花，送给他心爱的姑娘。姑娘一手搂着玫瑰花，一手夹着烧麦开心地吃着。午后的阳光透过玻璃窗照射在两个相爱的年轻人身上，是那样的温暖和明媚。吴华侠一瞬间突然涌现出了一个想法：如果把烧麦做成像玫瑰花的样子，既好吃又能表达心意，是不是会更棒呢！这一瞬间的念头在她心里埋藏了4年之久，2005年，吴华侠的师傅退休之后，她反复尝试多次，终于如愿以偿，成功地研制出“双色情人烧麦”，在2006年2月14日情人节隆重推出。

◎ 双色情人烧麦（吴华侠拍摄）◎

二、“奥运五环烧麦”

这款烧麦是为了庆祝2008年北京奥运会所推出的，五环代表着五大洲，五色代表的是世界五大洲不同肤色的人民，五环连在一起代表着五大洲的团结。

烧麦的皮分别由紫甘蓝、墨鱼汁、胡萝卜、鸡蛋黄、蔬菜汁等和面而成。

馅料分别也是由不同的馅制作而成：蓝色的是猪肉大葱馅；黑色的是墨鱼韭菜馅；红色的是羊肉大葱馅；黄色的是猪肉玉米馅；绿色的是素馅。

此款烧麦包含了猪肉、羊肉，还有蔬菜、海鲜，其食材丰富，品种齐全，吃这样一款烧麦就能补充身体需要的各种维生素和矿物质，所以此款烧麦一经推出，就受到了广大食客的喜爱和推崇。

◎ 奥运五环烧麦（吴华侠拍摄）◎

三、“炫彩烧麦”

这款烧麦是为了庆祝祖国60年大庆研制出的特色烧麦，寓意祖国绚丽多彩，五彩斑斓。烧麦的皮是由鸡蛋黄、巧克力，以及胡萝卜和菠菜榨汁分别和面，再将和好的5种颜色的面拼在一起下剂子后，擀制而成，其馅料由虾仁、马蹄和鲍鱼粒组成，口味非常独特，且深受小孩和年轻人的喜爱。此款烧麦自2009年推出，每年以200多万销售额延续至今。

制作这款烧麦需要把一些看似不相干的食材混搭到一起，源于吴华侠在传承中不断创新的理念。她觉得看似不搭的食材，只要从营养搭配上不发生冲突就完全可以混搭在一起。品尝美食的人，只要不知道一口咬下去会是什么滋味，就永远有期待，永远有希望。生活中有很多快乐都是很现实的，但只有美食和自然带给人的快乐是单纯的。吴华侠希望用她创造出来的美食，给生活压力过大的人们带去一点点小小的快乐，让顾客们体验一下与现实无关的快乐。取名叫“炫彩烧麦”，是希望人生能如这款烧麦一样炫彩斑斓。

◎ 炫彩烧麦（吴华侠拍摄）◎

四、“四季时令烧麦”

每年24个节气，每个节气人们都需要补充不同的微量元素，都一处根据人体在不同季节的需要，特别推出了春夏秋冬“四季时令烧麦”。随着时令的变换，把时令中最有营养的食材结合到馅料里，给广大食客

◎ 制作四季时令烧麦所用的食材（吴华侠拍摄）◎

及时补充身体最需要的营养。

春季，为了弥补冬季维生素和矿物质的消耗，要多吃些温性食物。韭菜、春笋、荠菜、香椿等都是不错的选择，还可以吃梨、百合，它们能起到润肺，加强呼吸道抵抗力的作用。跟着二十四节气养生，谷雨吃香椿。猪肉香椿烧麦就应运而生了。香椿原产于中国中部和南部，其中尤以山东、河南、河北栽种最多。其营养丰富，并具有食疗作用。

春季特色烧麦有猪肉荠菜烧麦、猪肉春笋烧麦、韭菜鲜虾烧麦、猪肉百合烧麦等。

过完春天就迎来了炎热的夏天。夏季食物首选就是荆芥。它是清热解毒的草药之一，能镇痰、祛风、凉血，对治疗流行性感冒、头疼寒热，发汗，呕吐等有一定的效果。荆芥具有较强镇痛作用。除了荆芥，还有玉米、毛豆。毛豆不仅可以缓解倦怠，还能开胃，补充体力。西红柿含有大量的番茄红素，具有光滑皮肤的功效。

夏季的特色烧麦有猪肉荆芥烧麦、玉米荷兰豆烧麦、猪肉鲜毛豆烧麦、牛肉番茄烧麦等。

盛夏之后，迎来硕果累累的秋天。秋风起，蟹脚痒；菊花开，闻蟹香。每年九到十月正是螃蟹黄多油满之时，这个时候是蟹黄烧麦的鼎盛时期。螃蟹含有丰富的蛋白质及微量元素，对身体有很好的滋补作用，是秋补的最佳食材之一。

除了螃蟹，秋季应多吃深色蔬菜，尤其是绿叶和橙黄色蔬菜。因为夏季时人们所吃的果蔬一般以瓜类为主，其中胡萝卜素含量较低，而胡萝卜、菠菜、芥蓝、西蓝花等都是补充维生素A的首选。另外，由于夏天人们食欲不振，通常又会多吃寒凉食物，胃肠的消化功能比较弱。因此，到了秋天，应适当多吃一些营养丰富又有助消化的食物，发酵食品就有这个好处，豆类发酵制作的豆豉、豆酱、酱豆腐、豆汁等。

秋季特色烧麦有蟹黄烧麦、鲜虾菠菜烧麦、猪肉裙边烧麦、牛肉豆豉烧麦等。

送走了硕果累累的金秋，便是寒冬。冬季最大的特点就是寒冷干燥，这个时候最需要滋补。冬日滋补少不了吃一些肉类，首先便是羊肉。羊肉是非常滋补养人的，不仅可以暖身，还可以补充人体所缺的营养成分，提高人体免疫力，预防多种疾病。是冬季进补的好食物。羊肉补气滋阴、暖中补虚、开胃促力，吃羊肉时搭配上萝卜能缓解羊肉的燥热，效果更好。除了羊肉，还有几种食材也非常适合寒冷的冬季，那就

◎ 四季时令烧麦（吴华侠拍摄）◎

是木耳，它具有清肺、提神、美容嫩肤之功效。清代学者张仁安称白木耳独有麦冬之润而无其寒，有玉竹之甘而去其腻，为润肺滋阴之要品。另外还有山药。

冬季特色烧麦有羊肉萝卜烧麦、猪肉莲藕烧麦、猪肉双耳烧麦、牛肉山药烧麦等。

五、“团圆烧麦”

2019年国庆前夕，为庆祝祖国70周年大庆，都一处精心推出了每屉7个的“团圆烧麦”，中间一个代表祖国首都北京，外圈围绕6个代表祖国边疆的6个地区，分别是东北三省、内蒙古、新疆、西藏、云南、广西。从6个地区里挑选具有地方代表性的食材，来制作烧麦的面皮和馅料。

东北地区盛产高粱、鲜红蘑、溜达鸡等食材，故而用高粱面制皮，用鲜红蘑和溜达鸡制馅料。

内蒙古地区最有代表性的食材之一便是羊肉、莜面，故而用羊肉制成馅、莜面制皮。

新疆地区有充足的光照和深厚的土地资源，盛产葡萄、香梨、西瓜等瓜果。新疆又是我国的第二大牧区，以畜种优良而著称。有中国美利奴羊、阿勒泰大尾羊、三北羔皮羊、和田半粗毛羊等，当地有特色美食手抓饭，主要食材便是羊肉。故而选择用紫葡萄榨汁和面制成烧麦皮，用羊肉和糯米制成馅料。

西藏地区盛产藏红花、虫草花和牦牛肉等特色食材，故而用藏红花泡水和面制成皮，用虫草花和牦牛肉制成馅。

云南地区盛产玫瑰花、臭菜、野杂菌、羊肚菌、竹荪、松茸、鸡枞等特色食材，故而用玫瑰花制皮，用羊肚菌、松茸和鸡枞制馅。

广西地区盛产东兰墨米、海鱼和荔浦芋头等特色食材，故而用东兰墨米面制皮，用海鱼和荔浦芋头制馅。

北京地区特色美食代表——北京烤鸭、冰糖葫芦，故而用做冰糖葫芦的山楂和面制皮，北京烤鸭制馅，山楂和烤鸭结合，既可解油

◎ 团圆烧麦（吴华侠拍摄）◎

腻，又代表了首都味道和记忆。

将这7种不同地方的特色食物，分别制成皮和馅，包出7种不同口味的烧麦，以“首都北京”为中心，其他6个“边疆地区”紧紧围绕中心，象征着祖国大团结，为祖国70周年华诞献礼。这也是吴华侠设计推出这款“团圆烧麦”的初衷。

六、“老北京烤鸭烧麦”

2019年出品的“老北京烤鸭烧麦”，是应广大食客提议而出的。很多顾客反映，他们最喜欢“团圆烧麦”里面的烤鸭烧麦。“烤鸭”代表北京，所以选用的是便宜坊现出炉的焖炉烤鸭做馅。一只刚出炉的烤鸭能剔下一斤半的鸭肉，能够包出30个烧麦，而且切这个鸭肉的时候需

◎ 老北京烤鸭烧麦（吴华侠拍摄）◎

要把鸭皮和鸭肉分开切，切成黄豆大小的颗粒状，然后再拌上鸭酱，包入烧麦皮中，这样吃起来层次分明，但吃着口感上会有点儿油腻，故而用山楂做烧麦皮。山楂选用新鲜采摘的，洗净去核儿，然后熬制成山楂泥，凉凉以后，用山楂泥和面，饧20分钟后擀制成烧麦皮，包入烤鸭馅。这样一来不仅解了油腻，吃起来还有山楂的酸甜味。

第五节

特色招牌菜

说起都一处的招牌菜，除了烧麦，以下的几个品种也颇负盛名。

一、都一处的炸三角

炸三角是都一处一种独有的招牌产品，它非常非常的娇气，不但制作程序复杂，季节性还特别强，只有冬季才能制作。它也是老北京流传至今的一种面食小吃，俗称“焖子”。清朝的《帝京岁时纪胜》中记载：“正月荐新品物，则青韭卤馅包，油煎肉三角。”可见在清代，炸三角这种小吃就已经成型并很受欢迎了。那时，北京的大街小巷经常可以听到卖炸三角的吆喝声。虽然炸三角在北京属于很普通的平民食品，但也有高低好坏之分，这其中最为出名的当数都一处的炸三角。都一处的炸三角除了那年年三十晚上乾隆皇帝吃过，很多社会知名人士也都吃过。

从清朝开始，前门地区就是北京城重要的文化中心，当时，位于这

◎ 都一处炸三角（便宜坊集团都一处提供）◎

一地区的广和楼、三庆、庆乐等戏园一散场，都一处立刻满堂，京剧演员差不多都来光顾。特别是谭富英、裘盛戎每晚必到，先吃烧麦，然后再要几个炸三角，边吃边聊，成为极大的乐趣。尤其谭富英最爱吃炸三角，吃完还要带走一盒。

都一处炸三角样子看上去并不复杂，但制作起来十分精细。制作原料分为皮料、馅料和调料三种。皮料就是小麦粉；馅料主要包括猪肉、猪肉皮、韭菜等；调料为盐、黄酱、植物油、鸡蛋、葱、姜、味精等。

都一处炸三角的制作工具为案板和炒锅。案板用来制作炸三角的皮，炒锅用来加工炸三角的馅料和进行炸制。

炸三角从制皮到出品共有4个步骤，13道工序。4个步骤分别是：制皮、制馅、包制、炸制。

制作炸三角的面皮包括过罗、开水烫面、凉水和面、揉面、擀皮、成型6道工序。

◎ 和炸三角面 ◎

用细罗将面粉筛过后，浇入开水，拌匀凉温，揉搓成团备用。再取等量的过罗面粉，加入植物油、鸡蛋、小苏打等，用凉水和面，揉搓成团。凉水面团和烫面团分别反复揉搓后，将两个面团合二为一，再反复揉搓成光滑有韧劲的面团。将面团分割揪成一个个35克左右的圆剂，压扁后用擀面杖将其擀成约2毫米厚的面皮。

使用专用模具将擀好的面皮扣成圆形，然后从中间将其一分为二，形成两个半圆的面皮。

以上是制皮的步骤。

制作炸三角的馅，包括煮肉、入味、做冻、切菜4道工序。看似简单，但内含玄机。

◎ 炸三角所用馅料 ◎

煮肉：将瘦猪肉洗净，放入锅中煮开后捞出，切成肉丁。

入味：炒锅中放入植物油、黄酱、葱、姜炒出香味后，将肉丁放入锅中翻炒，加适量盐和味精后出锅备用。

做冻：将猪肉皮洗净，放入开水中煮至一定黏度，然后倒入盘中冷却，凝固后切成丁备用。

切菜：选新鲜的青韭菜，洗净，切成一寸左右长度的小段备用。

肉丁和猪皮冻的配制，是炸三角馅料的独特之处。

包制炸三角的工作包括米汤、做坯两道工序。

米汤：取米放入锅中煮至黏稠时关火，凉凉备用。

做坯：取一个半圆形面皮，将其平放在手掌上，底边蘸些米汤，粘成圆锥形面兜，装入肉丁、肉冻、韭菜，将其合拢捏成三角状的坯。

◎ 吴华侠制作炸三角 ◎

下一步就是炸制了。

将铁锅置于火上，倒入凉油，待油七成热时，将包好的三角坯放入锅中，炸至金黄色即可出锅。

都一处炸三角的制作工艺比较复杂，从制皮、制馅、包制到炸熟要经过13道工序。包三角的过程，在熟练的师傅手中虽然仅仅就是一勺肉丁、一勺肉冻、一勺青韭的馅料，但这三勺馅料的多少，就有着很大的讲究：多了包不上，在炸制的过程中很可能出现问题；少了又会使三角看上去不那么饱满，给人以偷工减料的感觉。

吃炸三角时不要急于下嘴，先用筷子在皮上扎一个眼，使馅里的热气冒出来，然后再吃，这样既可避免馅料烫伤嘴，也可以防止浓汁冲出污染衣物。

都一处炸三角经过几代名厨的传承，形成了自己独一无二的特色，已经成为中华美食中的一绝。

二、都一处的马莲肉

都一处马莲肉是一款热制的凉菜。

据都一处的老师傅回忆：早先，马莲肉在夏季是不销售的，因为夏季气温高马莲肉很难结冻儿，那时又没有冰箱，只能等到秋凉时再制作。后来，一位师傅想出了一个好办法，他把做好的马莲肉放入一个圆铁桶中，从冰窖拉来冰块放在周围，解决了气温高，马莲肉不结冻儿的难题。客人在夏季点上一笼烧麦，喝上一口酒，就着一盘晶莹剔透、马莲飘香的凉菜，别提有多惬意了，马莲肉也因此更深地刻入老北京人的记忆中。

◎ 都一处马莲肉 ◎

20世纪六七十年代，因为马莲草货源短缺，采购困难，都一处店里一度停止了马莲肉的制售，1998年，都一处前门店整体翻建后，为突显店中的传统特色，展示“名店、名吃、民俗文化”的风采，店里重新寻找到进货渠道，恢复了马莲肉的制售。

都一处马莲肉的制作步骤如下：

（一）制作原料

1. 主料：猪肉、猪皮。

2. 辅料：马莲草。

3. 调料：酱油、盐、花椒、大料、桂皮、小茴香、葱、姜等。

（二）使用工具

1. 大盆：浸泡马莲草，腌制猪肉操作用。

2. 菜墩：切制原料操作用。

3. 铁锅：煮制操作用。

4. 托盘：晾制熟肉操作用。

◎ 马莲肉的捆扎 ◎

（三）制作工序

马莲肉从选料到出品共有5道大工序，14道小工序。5道大工序分别是：选料、准备、煮制、做汁、装盘。

1. 选料

（1）马莲草：使用干马莲草，长度不短于50厘米。

（2）猪肉：使用精选五花肉、精选肉皮。

2. 准备

（1）泡马莲草：将马莲草放入盆中，倒入开水没过，浸泡至柔软。

（2）切肉：将五花肉顺着肉纹切成长20厘米，宽4厘米的肉条。

（3）腌制：加盐、酱油等调料腌制24小时。

（4）捆扎：拣两条五花肉，用马莲草将其捆扎在一起。

（5）制料袋：按标准取花椒、大料、桂皮、小茴香等调料装入布袋。

3. 煮制

（1）下调料：先将香料袋和酱油、葱、姜一并放入锅里加开水烧制。

（2）煮肉：待水将要开时，撇净浮沫，放入捆扎好的肉，锅中之水要没过肉块4厘米以上。

（3）文火炖：等锅内水又要烧开时，再撇净浮沫，移到文火上炖至肉烂，捞出后去掉马莲，放入托盘。

4. 做汁

（1）煮肉皮：将肉皮放入刚捞出马莲肉的锅里，撇去锅内的浮油，添上一些凉水，继续煮制，并不断翻搅，使其溶化。

（2）浇汁：将香料袋捞出，把锅端下，凉10分钟，使肉渣等沉淀后，慢慢地将汤倒入盛肉的托盘，让它凝结成“冻”。夏季制作，可置于冰箱保鲜室内凝结。

5. 装盘

（1）改刀：从“冻”中取出马莲肉，横着肉纹切成厚0.6厘米的片。

（2）码盘：把切好的肉片码放在六寸四方蓝花碟中，用时蔬进行装点后，即可上桌。

制作都一处马莲肉使用的马莲草，属多年生草本植物，成熟期干草营养成分丰富，还能除温热、解毒。因此，取马莲草与猪肉同烹，成品红白相间、晶莹剔透、马莲飘香，不仅口味独特，清香不腻，而且有益健康，四季皆宜食用。

◎ 马莲肉获中国京菜名菜奖（便宜坊集团都一处提供）◎

上面说到的都一处的炸三角制作技艺和马莲肉制作技

艺，都已经进入了东城区的非物质文化遗产名录，被列为中华美食中的重要文化遗产，得到有效保护。顾客走进现今的都一处烧麦馆，都有机会品尝到这两道名菜。

都一处烧麦馆还有一道名菜，虽然还没有被列入非物质文化遗产名录，但同样也是大名鼎鼎。这就是乾隆白菜。

◎ 乾隆白菜 ◎

这道菜一听名字就知道，它和大年三十晚上乾隆皇帝到都一处的那次“夜宵”有着密不可分的联系。在那个乾隆微服私访都一处的传说中，点名了乾隆那天晚上吃了烧麦，虽然也说他同时吃了几道小菜，但并没有点出小菜的名字。不过，熟悉老北京餐馆的人都清楚，那里面绝对缺少不了一道用白菜为原料做出来的菜品。

白菜在民间被称作“百菜之王”。原产于中国的大白菜，富含维生素，营养丰富。白菜特别耐寒，在进入冬季收割的白菜，在进入21世纪之前的很长一段年月里，是大多数北方居民过冬时能够选择到的唯一一种蔬菜。笔者小的时候，每到冬天都会参与到购买和储存大白菜的“运动”中。之所以称之为“运动”，是因为每年冬天大白菜的上市，都是政府投入大量人力、物力，为了保障城市居民一个冬季有菜吃。天气一上霜的时候，冬储大白菜就上市了。一辆辆装得满满的冒尖大白菜的卡车开进城来，每个菜市场外面的临街地面上，都摞起了一个个码放得很高的白菜堆。每家每户都要买上几十斤的大白菜，家里人口多的要买上上百斤。那个时候，一家菜市场起着保障周边几百户居民的蔬菜供应职能。菜市场不会储存大白菜。菜市场上级的管理公司也没有那么大的地方和条件来储存供应那么多居民吃上一冬天的大白菜。居民只有自己来储存大白菜。

为什么北京城里的居民要储存大白菜呢？因为那个时候，北方一到冬天，缺少后来的大棚温室种植技术和条件，只能是大自然的土地上生长什么吃什么，极少能有新鲜蔬菜。每年到春节的时候，菜市场里也有一些蒜黄等来自南方的蔬菜供应，但价格很贵。储存大白菜的上市时间一过，菜市场里面基本就不再供应大白菜。虽然到过年的时候，会有一些蔬菜公司把自己储存的大白菜上市供应，但那个时候的价钱就很贵。冬储大白菜集中上市的时候，一斤大白菜只有几分钱。等到冬天的菜市场里再卖大白菜的时候，就要几毛钱一斤了。虽然不是很情愿，但每个家庭都会把自家房子外面能用的每个角落都充分利用起来，尽力多买些大白菜储存起来。每个北京人都会在脑海中留下对大白菜的深刻记忆。

既然大白菜是以前北京人整个冬季能吃到的唯一蔬菜，那就要想办法做出多种花样来调解同一样食材带来的口味上的单一。如果细数一下，恐怕在北京人的食单上，没有哪一种蔬菜能跟大白菜相比，可以有那么多被人们实践过的烹饪方法。

一直到改革开放后，食材的不断丰富，北京人的冬季餐桌上，才摆脱了对大白菜的依赖。

笔者小的时候，已经是20世纪的后期了。那个时代的大白菜，仍然是北京人冬季餐桌上的必备之物。那么，在乾隆微服私访的那个年代，冬天的北京城里的餐馆中，能够提供给顾客的蔬菜做的菜品更少得可怜。

都一处在大年三十晚上提供给乾隆皇帝的，就是北京人冬天常吃的大白菜中的一种做法，只是更为讲究。因为皇帝吃过，后来的人们在白菜前面加上了乾隆两个字，虽然没有使这道菜身价百倍，但的确更加引人食欲，同时也给更多上门的顾客选择的机会。

乾隆白菜的主料是白菜，配料有醋、麻酱、白糖、盐、蜂蜜、白芝麻等。做法也并不复杂。先将白菜过水洗净，然后沥干水分，用手掰分成大小适中的块状备用。用醋将麻酱调开，调制浓稀适度，再适量加入白糖、盐、蜂蜜调匀。放置，待温度降低后，倒在备用的白菜上搅拌后即成。

这道菜的关键是芝麻酱汁的调制。既要保证辅料搭配的适度，提供很好的口感，也要保证酱汁的稀稠。以芝麻酱汁能均匀地覆盖在白菜块和叶的表面，没有裸露未挂汁的白菜，顾客用筷子食用时也不使酱汁滴落为佳。

三、都一处的干炸丸子

干炸丸子制作工序非常讲究，把猪肉按照肥瘦4：6的比例绞成肉馅，绞两遍，加入葱水、姜水、玉米粉、糯米粉、鸡粉、盐、味精、黄酱、十三香、五香粉，搅拌均匀后放入冰箱冷藏一晚，第二天把加工好的肉馅挤成丸子，分两步炸：

1. 放入三四成热的油锅中炸至定型后捞出。

2. 把油温加热至六七成重复炸制两遍，炸至金黄外酥里嫩捞出装盘，撒上老虎酱和椒盐即可。

注：以前老的方法是手剁肥瘦肉，有颗粒的口感，现在都是绞馅机了，出来的都是肉馅，缺少口感，所以用手剁的方法最好。

◎ 干炸丸子 ◎

四、都一处的乾隆小卤肉

1. 精选带皮五花肉，去毛改刀，根据肉的大小，切成四方块，放进托盘中（肉皮朝上蒸）蒸至七成熟拿出来，把肉皮翻过来朝下，上面再放一个空的托盘，然后托盘里放上重物压紧七成熟的肉，压2～3小时即可。取出切成4厘米见方肉块备用。

2. 调制汤汁，调出后的汤汁呈枣红色，口味咸鲜，微甜。把调好的汤汁烧开，倒入事先切好的4厘米见方肉块，文火卤制40分钟。放汤中浸泡2小时，入味、上色捞出即可。

◎ 乾隆小卤肉 ◎

第四章

都一处烧麦技艺的传承

第一节

店址流转

都一处烧麦馆自乾隆赐匾开始出名，是前门一带商会掌柜、账房先生和外地人经常光顾之地。尤其到了晚上，各戏馆子一散戏，都一处立即满堂。京剧著名演员谭富英、张君秋、裘盛戎都是都一处的常客。

1930年，在前门大街老店往南隔了几个门的位置，又开了一家店。老店被称为北号，新店被称为南号。南号和北号格局相似，也是一大间门面，两层小楼。南号有近20间房，比北号大一些。南号经营的品种和北号相同，也经营烧麦，但以炒菜为主。后因管理不善，再加上市场萧条，都一处南号于1935年关闭。一直到1956年，都一处烧麦馆一直只有北号在经营。

1956年1月13日，都一处烧麦馆实现公私合营。公私合营后，都一处的经营业绩有了很大提高。

1958年，都一处由鲜鱼口南迁到鲜鱼口北（现前门大街38号），营业面积比过去扩大很多，内部设施、人员技术都比过去有提高。

1964年，都一处进行扩建翻修。新店盖成两层新楼，营业面积达170平方米，可同时容纳100人就餐。

这年秋天，著名作家郭沫若到都一处观赏乾隆御赐的“都一处”蝠头匾，应该店的请求，为都一处题写了新匾（现门面前悬挂的匾额）。郭沫若夫人于立群也为都一处手书了高2米、宽3米的诗词。

1990年，都一处又进行了改扩建、装修，建成三层楼的餐厅，内设三个大餐厅和一个外宾厅，一楼以普通烧麦为主，二楼、三楼经营中、高档烧麦和山东风味炒菜，一共可同时容纳300人就餐，并承办喜庆宴会。

1992年，为了重振都一处昔日辉煌，企业调整了主要经营人员，从挖掘历史文化、开展特色服务、创新经营品种等方面人手进行了一系列的改革和调整，使“都一处”品牌的知名度在京城餐饮业越来越高。并将“都一处”品牌进行了第三十类和第四十二类的商标注册。

2001年，都一处烧麦馆被中国烹饪协会授予“中华饮食名店”荣誉称号。

2002年，企业进行股份制改造，成立北京前门都一处餐饮有限公司，成为北京便宜坊烤鸭集团有限公司控股子公司。

2004年，公司投资25万元，进行内饰，改善了就餐环境。室内装修风格既保持了传统的饮食文化特色，又突出了现代的装修风格，古今结合、新老结合，独具特色。同时企业定制了行之有效的“安全放心消费环境”，企业从产品制作到产品上桌有一整套食品卫生“绿链流程”，并明示于店堂内，主动接受顾客的监督。2004年，被北京市工商局认定为“重合同守信誉单位”，并连续三年被评为北京市爱国卫生先进单位。

经过这次店铺升级改造后，2005年，都一处烧麦馆单店营业收入比2004年增长32.1%，利润比2004年增长134.2%。

◎ 2006年被拆除前的都一处烧麦馆（杨建业摄）◎

都一处烧麦馆被认定为国家一级酒家，北京市旅游定点餐馆。其地理位置十分优越。店铺地处前门大街北段，街对面是著名的“大栅栏”，北侧是鲜鱼口胡同。众多传承百年的老字号吸引了无数中外游客。这里每日商旅、游人摩肩接踵，熙熙攘攘。据都一处店里的汇报材料记载：“已无法细数多少人经口碑相传慕名进都一处看匾尝鲜；更无从算计多少人正腹饥口干之时恰被隔街飘过来的诱人的‘烧麦’以及炸三角、马莲肉的香味所吸引。其存续了百多年的社会与实用价值必将进一步发扬光大。”

2005年11月，由于前门大街整体改造，都一处烧麦馆老店被拆除。都一处的部分员工被分流到都一处方庄店。

2008年，修缮一新的前门大街重新开街。前门大街上的12家老字号陆续回归前门，重新开张经营。都一处前门店也重新回到了起源地。虽然店址不是原来的那个样子了，但经营条件得到了改善，吸引的顾客逐日增多。

2008年，都一处烧麦制作技艺入选第二批国家级非物质文化遗产名录。

◎ 都一处烧麦国家级非物质文化遗产标牌（便宜坊集团都一处提供）◎

技艺的传承

吴华侠在拜师的时候，听她的师傅讲过都一处烧麦的历史。她将这段讲述记录了下来。

在这段讲述里有很多细节，虽然史书中无法考证，但作为传承人的“口述史”，还是有其参考价值的，现收录如下。

都一处始建于清乾隆三年（1738年），前身叫“王家酒铺”，是山西省浮山县一个叫王瑞福的人开的一个小酒馆，公元1752年，赐匾“都一处”。相传公元1752年大年三十晚，店里的伙计打了一个哈欠，揣着双手，问王瑞福：“都过丑时了，瑞福哥，咱们也该收摊歇着了。上门板吧。”

王瑞福说：“行，这会儿不会有人来吃饭了。就是有人来也是正月初一的人了。大年三十的，人再也不会有了。我去上门板。”

王瑞福正要抬脚出门，一阵马蹄声传过来，一行数人匆匆忙忙进了饭铺，王瑞福急忙上前招呼：“哎呀，这么晚了，客官一定是走了远路来到小店的，快里面请，里面请。”伙计朝房间里面喊了一声：“来客人了！赶快准备饭菜。”其他伙计见状，赶紧给客人烧水泡茶。

一位年纪稍长、气宇非凡的客人毫不谦让地坐到了上首的板凳上，其他的人好像也有规矩地依次而坐。坐在最下首的是一位最年轻的小伙子。人们都静静地看着坐在上首的客人。坐在上首的那位客人对王瑞福说：“可不，跑一整天，误了饭点儿。掌柜的，我们肚子饿了，有什么尽管拿出来，啥饭菜快，就上什么。随便吃一口。我们也好回家过年呀。”

“大年三十，哪能随便吃一口呢，一定要叫客官吃好喝好。来先擦擦手。”王瑞福边说边熟练地涮了一个手巾把儿，双手递给那位年纪稍长的客人。坐在下首的年轻人伸直胳膊张开手掌抢过手巾把儿，熟练地展开看看，再甩平对折，双手递给坐在上首的客人。那位客人展开热手巾擦得很仔细，先擦脸，再擦耳朵，再擦后脑勺和脖颈，最后擦手。末儿了才把手巾扔给对面的年轻人。年轻人把手巾递给王瑞福。王瑞福在热水盆里洗干净了，递给其他的人擦了手。这时伙计已经端上一壶沏好的热茶，拿来茶碗，麻利地给客人们倒上。坐在下首的年轻人端起茶碗喝了一小口，咕噜咽下去，少顷才说："掌柜的，好茶，好茶。"坐在上首的客人才端起茶碗喝了一口，没有朝肚子里咽，而是把茶水含在嘴里前后左右都浸到了，憋住气儿闭上两眼品品茶香以后才徐徐咽下。众人跟着开始喝茶。王瑞福见来客这一番规矩，知道他们不是一般的客人，越加小心地在一边招呼。

做菜的伙计见来了客人，也来了劲儿，用炒菜勺子把锅沿儿敲打得叮当响。有的人开始揉面，有的人忙着剥葱剥蒜。很快，一碟过油肉、一碟酱烧豆腐、一碟葱丝鱼、一碟红尖椒肉丝、一碟清炒土豆丝、一碗水煮海带丝、一碗蒸扣猪肉、一碗牛肉丸子、一碗素酥肉、一碗汤烧牛肚，五碟五碗五荤五素十个菜摆了满满一桌子，热气腾腾，香气融融。

客人们睁圆两眼看着桌子上的菜，不停地抽着鼻子闻香味，咽着唾沫，谁也不敢动手，只是看着坐在上首的那位长者，又看看坐在最下首的年轻人。

王瑞福拿起酒壶，给客人面前的小酒盅一一斟满酒，站在上首客人侧，小心地说："客官，您看，我给您上了五荤五素五热五凉十个菜，祝您老新年十全十美，财源大发，官运亨通。就是不知合不合您老的口味，您先尝尝，不合口味的话，咱再叫大师傅换菜。"

坐在上首的那位客人看一眼桌子上的菜，抽抽鼻孔，高兴地说："哈哈，就凭您掌柜的这两句吉祥话儿，不用尝，我就知道这一桌子菜准错不了。我们这年夜饭就吃成了。老话儿说，迟开的饭是好饭，一点儿也不错。"

王瑞福没敢再说别的，小心地说："客官，您看菜上齐了，酒也倒满了，先喝一盅暖暖身子。"

坐在上首的那位客人端起小酒盅闻闻里面的酒，深吸一口气，再徐徐呼出来，说：“好香的酒。来，大家都喝。”说完一仰头喝干了小酒盅里的酒。

坐在下首那位年轻的客人正要挡住坐在上首客人的酒盅，可是动作慢了些，那位客人已经把酒喝到嘴里了。年轻客人满脸通红，显得很紧张。别的客人都喝干了自己面前的酒。王瑞福赶紧一一倒满。“好酒呀！”坐在上首的那位客人屏住呼吸品着酒香，最后竟不由得叫喊起来。

王瑞福在一边热情地招呼：“客官，尝尝我们小饭铺师傅炒的菜。看合不合您老的口味。”

看来他们是真的饿了。年纪稍长的那位客人顾不上别的了，拿起筷子正要夹菜。下首那个年轻人慌忙站起身来，满脸带笑地拦住他的筷子，麻利地掏出一双筷子，先把自己面前的菜尝了一口，随即拿出一块白色的绸布擦擦筷子头儿，再尝第二道菜一口，又擦擦筷子头儿，就这样一口气把十道菜全都尝了一遍。才说：“掌柜的，请用膳。”

“膳”字刚说出一多半，坐在上首的那位斜了他一眼。年轻客人赶紧改口说：“用饭，用饭。掌柜的快用饭。跑了一整天，我想您一定是饿了吧。”

在上首的那位客人随即拿起筷子夹了一片过油肉放到嘴里嚼嚼，咕噜一声咽下，说：“味道不错，肉片也很嫩。你们快吃。”那几个随从一样的客人才从坐在上首的那位吃过的菜夹起，开始吃饭，坐在上首的那位吃了哪一道菜，他们才跟着吃哪一道菜。很快十道菜风卷残云一般，全都被客人们吃了个碗底儿朝天，王瑞福先看着客人吃菜，直到菜吃完了，才端起小酒盅说：“客官，来来来，喝酒，喝酒。”“哈哈，光顾了吃菜，忘了喝酒。我们真是饿了，掌柜的别见笑。”坐在上首的那位客人端起小酒盅一饮而尽，其他人也是如此。

王瑞福看出这几个客人不一般，小心地问：“客官，还用不用再添几道菜？您看十道菜都快吃完了，是不是再上几道？小铺师傅还有几道好菜没拿出来。”坐在上首的那位客人接过下首那个年轻人递上的手巾擦擦嘴角上的油水，说：“我看可以了，上主食吧。赶紧吃完我们好回家过年，你们也能歇着了，别把你们铺子里的拿手菜都吃遍了，以后我们再来了吃什么呀。”

“好嘞！”王瑞福拿捏着京腔儿喊了一声，“上主食喽！”

王瑞福先给每个客人面前摆上一个小碗，小碗里面盛着调好的醋蒜香油汁儿，一股清香味道直冲客人的鼻腔。“好香的小料呀。”坐在上首的那位客人端起小碗放到鼻子底下闻闻，边说边拿起筷子想蘸一点蒜醋香油汁儿尝尝。下首那位年轻人赶紧拿起那一双特制的筷子先尝，品品味道咽下去才说：“很香，真的很香。掌柜的，您也尝尝。”上首的那位客人这才蘸一点蒜醋香油汁儿放到嘴里品品味道，说：“比咱们白天在通州吃的那一顿香多了。”

这时候，伙计端着满满一盘热气腾腾的烧麦轻轻放到桌上，王瑞福在一边说：“客官，请用饭，请用饭，这是小铺的特色主食。”

上首的那位客人左右端详着木盘里面的烧麦，只见烧麦薄薄的面皮包着依稀可见的大葱猪肉馅儿，收口地方的雪白面皮朝四边飞扬着，上面散落着些许洁白的干面粉。包子不像包子，蒸饺不像蒸饺。客人抬起头问王瑞福：“掌柜的，你这个主食叫什么？”

王瑞福稍稍欠欠上身，满脸带笑地说：“客官，我们这道主食叫烧麦。”

客人又问：“烧麦？把麦子烧熟了吃？”

王瑞福小心地说：“我们是山西平阳府人，我们那里主要出产小麦。每年五月初小麦扬花的时候，小麦麦穗上面就长满了白色的花粉，花粉越多麦粒越饱满，收成越好。为了庆祝粮食丰收，我们那里的人就做出这一种包子不像包子，蒸饺不像蒸饺的吃食。我们叫烧麦，烧麦也就是麦梢的意思，这些烧麦上的干面粉就好比四五月间麦梢上面扬的麦花。烧麦里面的馅儿可以是素的，用韭菜鸡蛋啥的，也可以是荤的，用猪肉大葱、羊肉胡萝卜，还可以用别的菜做馅儿。很好吃的。收口处的白面粉也是用油干炒了以后，再随着烧麦一块儿蒸熟了的，也能吃。您尝尝。蘸点醋蒜香油汁儿，味道更好。这一盘是大葱猪肉馅儿的。您尝尝，您尝尝。”

这一回，坐在上首的那位客人不着急了，只是看看身边那个年轻人。年轻人拿起特制的筷子夹起一个烧麦看看闻闻，随即咬了一口，嚼了几下咕噜一声咽下去，完了还吧嗒吧嗒嘴，连声说："好吃，好吃，掌柜的，好吃好吃。"坐在上首的那位客人用筷子指着那位尝饭的年轻人说："把你们的这个规矩改了吧。这么好吃的东西，都是你先吃，我后吃。凭什么呀。"话一说完，那客人就夹起一个烧麦蘸一点醋蒜香油汁儿，咬了一口，慢慢地嚼起来，一小溜亮晶晶的油汁儿从嘴角流下来。下首的年轻人拿着手巾正要替他擦擦。上首的那位客人却伸出舌尖儿轻轻一舔，就把嘴角的油汁儿舔了。客人三口两口吃完一个烧麦，才对随从说："好吃，好吃。你们快吃，不然的话，我一个人全吃了。"客人扭过头又对王瑞福说："掌柜的，一盘不够，再来一盘烧麦。"

王瑞福头也不回地招呼了一声："烧麦！快着点儿。"伙计又端来一盘烧麦，轻轻放到桌上。王瑞福跟着又说："客官，这是一盘素馅儿的。本来应该是韭菜鸡蛋馅儿，腊月天没有韭菜，只能用白菜鸡蛋加地皮菜代替了，您尝尝。"坐在上首的那位客人不等旁边年轻人尝饭，自己先夹起一个烧麦咬了一口，年轻人无奈只得招呼大家一块儿吃起来。

伙计又端上两碟小菜。王瑞福赶紧介绍："客官，这两碟小菜是小铺赠送给您老的。一碟凉拌白菜心儿，一碟凉拌胡萝卜丝儿，送给您老爽爽口。"坐在上首的那位客人对着王瑞福点点头，仔细看看两个小菜，只见洁白的白菜心儿切得很细，配上翠绿的葱丝儿，红艳艳的辣椒面儿点缀其中。凉拌胡萝卜丝儿则是由切成线状的金黄色胡萝卜丝儿和同样切得精细的葱白丝儿相配，上面撒落些许白中现黄的芝麻盐儿。"哪里见过这般精致的凉拌菜呀。"上首的客人话没说完，不等随从尝菜，夹了一筷子凉拌白菜心儿送进口里。众人笑笑，跟着吃起来。

时间不长，伙计又端上一盆鸡蛋拌汤。王瑞福指着汤盆说："客官，这汤也是我们这里的特色。把白面拌成细碎的小疙瘩，倒进开水里面煮熟了，打上鸡蛋花儿。只要蛋清，不要蛋黄。漂上一点绿绿的葱丝儿，滴上一滴香油就成了，清清淡淡的，吃完了烧麦，喝两口鸡蛋拌汤，解腻清肠爽口，我们顺嘴的话就是，吃完烧麦，别忘了喝一口汤。您老尝尝。”

又是年轻人那一套程序完了，坐在上首的那位客人才拿起小瓷勺舀了一勺汤喝了，一连喝了三勺，这才说：“好好好。你们这里的饭菜做得精细，调得很香，很好吃，把客人的口味把握得很准，跟别的地方大不一样。都比我们那里的厨子做的饭菜好吃。吃完烧麦，别忘了喝一碗热汤。我记住了。”客人说完，用筷子指指随从，说，“你们也记住，以后吃完烧麦，别忘了喝一碗热汤。”

王瑞福打躬作揖，说：“小铺随时恭候客官光临我们这里品尝饭菜。要是没有工夫来，我们还可以送菜上门呀。”话刚说完，就双手递上冒着热气的手巾把儿。

烧麦也吃了，好菜也尝了，热汤也喝了，吃饱喝足，算账走人。账房先生哈着腰走过来，双手把一个账单子递给王瑞福。王瑞福递给上首的客人，客人没接，只是指指下首的年轻人。下首那个年轻人接过单子看都没看，只是走过来对着上首的那位客人的耳朵小声说了一句什么话。上首客人满脸带笑地对王瑞福说：“掌柜的，实在不好意思。我们出门好些天了，跑了很多地方，带的盘缠都花光了。过完年把饭钱给你送过来行不行？”

王瑞福先是一愣，继而摇摇头摆摆手说：“算了，算了，没有钱就算了。大过年的，小铺请了。我能看出来您老是请都请不来的贵客，大年三十晚上能来小铺吃饭，实在是小铺的荣耀，也是老天爷对小铺的恩赐。您吃饱了饭，小铺得了吉利，咱们两清了。客官请走好。”账房先生在王瑞福身后不停地拉他的衣服后襟。王瑞福轻轻摇摇身子，没理会账房先生。客人也摇摇头，说：“那可不行。京城地方，天子脚下，朗朗乾坤，哪里有吃饭不掏钱的道理呢。你肯赊给我们吃饭已经给了我们天大的面子了，已经叫我们很感动了。过完年一定给你把饭钱送过来，你放心。”年轻客人跟着就说：“我们掌柜的说话算数。请您放心，不会没了您的饭钱。”王瑞福一脸真诚：“客官，我说不要，就不要了。

真心实意的。我看你们也不是一般人家，大年三十晚上，客官能来我这小铺吃上一顿年夜饭，跟我们一起过年，实在是看得起我们，这也是咱们的缘分。”

客人站在饭铺门口里外看看，说：“我看你这饭铺位置很好，紧挨着前门箭楼，正对着大栅栏，是个旺铺福地。饭菜做得也不错，但另是一种风格，掌柜的经营路数也对。敢问你这饭铺的名号叫什么？”王瑞福答道：“在下是山西平阳府浮山县人，敝姓王。小铺就叫平阳府王记饭铺。”客人摇摇头说：“不行，饭铺的名号太小气了。你是只叫山西平阳府的人来你们饭铺吃饭？别的地方的人不能吃？还是啥意思？可不是太小气了。”王瑞福一下子涨红了脸，双手合十，说：“客官是一个有大学问的人，麻烦您给小铺取一个好名字。”

客人双手朝前一划拉，稍加思索，说：“你看这么长的一条街，多少个饭铺饭庄呀。大年三十晚上只你一家还开门待客，估计整个京都城里也只你一家还开着门。而且饭菜的色香味俱佳，我看就叫都一处吧。掌柜的，你看咋样？”王瑞福稍一琢磨，高兴地说：“好好好，都一处，里里外外、长长短短都照顾到了，就叫都一处吧。谢谢客官，谢谢客官！”

客人哈哈一笑：“那今天的饭钱我可真不给了，过了破五我写好店名，叫人给你送过来。包你生意兴隆。”那位年轻人小声对王瑞福说：“我家掌柜的，从来没有给谁家起过名号。您这个小饭铺是头一家。我敢说也是最后一家。您好运气。”

“谢谢，谢谢……”王瑞福满脸恭谦，忙不迭地打躬作揖，连声道谢。客人出门上马走了。王瑞福站在饭铺门口，双手打拱，目送一群身影淹没在前门大街的黑暗之中。

账房先生倚着饭铺大门框子一直看着一行客人转过前门箭楼子不见了，才回过身子，在王瑞福身后摇晃着脑袋，埋怨说：“等了整整一个晚上，忙活了这一大阵子，只支应了一拨客人，还没收钱。真是的。”

饭铺的一个伙计说：“看那派头，吃饭还要下人先尝，就不是一般人。要不是误了饭点儿，再加上饿得狠了，人家才犯不着在咱小铺子里白吃白喝。”王瑞福转过身，满不在乎地说：“你说得对，大过年的，图个吉利吧，和气生财嘛。而且我看这些客人根本不是骗吃骗喝的主儿。看着很有来头，是真的没有钱了。他要是真的能给咱题一个既好听又能叫咱生意兴隆的店名，那可是多少钱也换不来的呀。都一处，你听他起的这名字！多气派哪！”

另一个伙计也跟着说：“注定不是一般的人，别的人就没这见识。”

其他的伙计说：“我想，这个‘都’字，不光是说整个儿京都只咱一家饭铺开门，还是说咱们的饭菜在京都城里还算是不错的吧。”

还有个伙计插嘴说：“是不是还有叫全京城的人都来咱这里吃饭的意思呀。”

王瑞福点着头说：“你没听那位客人说了吗，肯定有那个意思。”

这时厨房的伙计在里边叫唤起来：“你们还唠叨个啥，看都啥时辰了。”

王瑞福仰头看看。天上的星星稠得分不出个儿，大街上越加黑了，连前门箭楼子都看不见了，远处传来钟鼓楼悠远绵长的钟声，大年夜真正是来了。

过了年，到正月初五这天晌午，极好的天气，日头悬在空中，光线温柔地铺洒开来，把前门大街照得明晃晃的。多少有一点点小风儿，天气已经不像腊月天那样寒冷了。王瑞福喝了一小盅酒，趁着高兴，帮着伙计把关了几天的门板卸下来，扫地抹桌子。后面把灶火也生起来，开始准备晌午饭点儿待客的饭菜。这会儿，王瑞福早把大年三十夜里那个气度不凡的客人说的话忘光了。

王瑞福走出店铺到外面看了一眼，和左邻右舍打了招呼，正要抬脚回铺子里，忽然前面传来一阵锣响。抬头一看，只见从前门箭楼走出一伙穿红挂绿的皇宫里的太监，鸣锣开道，前呼后拥，喝五吆六，还抬着一块大红布蒙着的横匾。王瑞福于是停住脚看热闹。

那一伙子太监来到王记饭铺门前，不走了，为首的一个太监问王瑞福：“请问，你是这个王记饭铺的掌柜吗？”

王瑞福仔细一看，竟是大年三十晚上陪着主人吃饭的那位年轻人，急忙打拱致意：“哎呀，敢情您是……公公您呀！失迎失迎。”

年轻太监显得有一点儿不耐烦，斜了王瑞福一眼，说：“还不赶快接皇上给你们铺子题的虎头金匾！”

王瑞福怕自己听错了，看一眼围过来看热闹的人们，问了一句：“皇上？皇上给我们题的虎头金匾？”

年轻太监大声说：“我说你聋啦！还不赶快接！你要抗旨是不是！”

王瑞福急忙回头喊了一声：“二位师傅，伙计们，赶紧出来！迎接皇上给咱们题的虎头金匾啦！”

做饭的师傅和伙计们赶紧跑出来，傻乎乎地眨着眼睛看着众人，不知咋回子事。王瑞福指指太监抬着的金匾，火急火燎地说：“赶紧跪下！”王瑞福话音没落，率先朝着金匾跪下，伙计们也齐刷刷跪在王瑞福身后。有个伙计戳戳王瑞福的后腰，小声说：“快喊！吾皇万岁万岁万万岁——！”

王瑞福一下子想起在浮山道情剧里面经常唱到的这一句老词儿，顺口而出：“吾皇万岁万岁万万岁！”其他伙计们也跟着喊起来。围观的人们见了这阵势，也都双膝跪下，连大栅栏街口儿上的人都跪下了。

见王瑞福他们只是低头跪着，不起身接匾，年轻太监又呵斥一声：“还愣着干啥？还不赶紧接！”王瑞福这才连磕三个响头，随后站起身子，伸出双手打算接，年轻太监又是一声：“这么大的金匾，你一个人拿得动吗？这可是皇上亲自题的金匾呀！你不想要啦！”王瑞福身后的妹妹听了，立马朝边上跨出一步，要和王瑞福一人一边接金匾。不想一个伙计一大步跨过来，拉过她，小声说：“女人还能干这个事？傻瓜。”王瑞福和伙计一人一边接过金匾。年轻太监显得很得意，走到金匾前面，揭起蒙在金匾上面的红绸子。只见整个金匾是一个椭圆形状，中间镌刻着“都一处”三个镏金大字，正中上方刻着一个两眼圆睁精神抖擞的老虎头，四边围着四只展翅欲飞的蝙蝠。年轻太监指着金匾说：“看看吧，这可是当今皇上给你们饭铺的亲笔题名呀！千古留名，万古流芳呀！”

围观的众人禁不住嘴里发出“啧啧”的声音。

王瑞福小心地抓住金匾一角，不住地点头哈腰：“皇上万岁，皇上万岁。公公辛苦了，公公辛苦了。”

太监们瞪圆眼睛盯着王瑞福，都不言语，其中一个伙计见了，赶紧说：“请公公们进铺子喝茶，请公公们进铺子喝茶……”

年轻太监两手叉腰，鼻子哼了一声说：“我等公务在身，哪里来的空闲喝茶呀！”嘴里是这么说，两脚站得更稳，还没有走的意思。有个伙计忽然明白了，赶紧递给王瑞福一把碎银子，对着他耳朵小声说：“快给公公们茶钱呀，掌柜的。”

王瑞福这才清醒过来，先给了年轻太监二两银子，别的太监一人一两。太监们笑笑，接过银子顺手揣进衣兜。年轻太监又说：“掌柜的听着，今天晌午，皇上要吃都一处的烧麦，赶紧准备，不得有误！还是三十晚上的那几个小菜、热汤，不许走样儿。我一会儿过来取。”

王瑞福赶紧跪下，喊了一声：“草民遵旨。”

等他抬起头看时，一行太监已经鸣锣开道大摇大摆地走远了……

王瑞福叫伙计找来钉子、梯子，把金匾端端正正挂在饭铺大门上方。金匾上端还缀上了一个用红绸子绾成的大红花。王瑞福吩咐买来一挂鞭炮，鸣放开来，随后带头跪下对着金匾磕头。左邻右舍和看热闹的闲人也跟着跪下磕头。王瑞福把高高悬挂在大门门额之上的虎头金匾叫作龙匾，还把乾隆皇帝坐过的椅子用金黄绸子包起来叫作龙椅，把乾隆皇帝走过的路撒上黄土夯实，用木头围起来叫作龙道。每天都要洒水清扫，取“黄土垫道，清水洒街，恭迎圣驾”之意。

这一下可不得了了。龙匾、龙椅、龙道都成了都一处里面的景儿，而都一处也成了前门大街的胜景儿。人们纷纷来到都一处一睹龙匾、龙椅、龙道的风采，当然也得尝尝乾隆皇帝吃过的烧麦了。至此，“都一处烧麦馆”便叫响京城，名声和生意像升腾的火焰一般兴盛起来。

当年申报非遗项目时，由便宜坊集团组织撰写的申报材料上，对都一处的发展史有这样的介绍：

都一处第一代创始人王瑞福去世后，由其子第二代传人王领玉接替。王领玉去世后，由其长子第三代传人王鸿儒经营北京都一处，其次子王鸿才经营山西省浮山县城内“德庆永”杂货店。此时，王家已发展成浮山县北井村的大财主，家里有厨子、女用人，出门坐小轿车子（马拉铁轮小篷子车）。第三代传人王鸿儒去世后，因王鸿儒没有子女，由其妻王盖氏（盖淑珍）接替，当时正在日伪时期，女人不便抛头露面，便将王鸿儒的表弟李德馨请来任掌柜。

都一处烧麦制作技艺历经数代传承到宣和平。宣和平带出徒弟李金秋。李金秋带出徒弟吴华侠。

2005年11月，前门大街重新修建，门店全部关门歇业。都一处烧麦的老师傅们被安排退休回家，留下的员工被调到都一处方庄店。

22岁的吴华侠被领导委派负责方庄店烧麦组的工作。

◎ 都一处方庄店（便宜坊集团都一处提供）◎

◎ 都一处烧麦馆员工在操作间工作场景 ◎

都一处方庄店虽然经营烧麦，但在前门店被拆除前，这家位于方庄美食一条街上的店，其烧麦并不是盈利的主打产品，销量也不是很好。

吴华侠担任烧麦组的负责人后，首先从培训技术人员入手，使方庄店的烧麦得以延续前门店的真传。

在吴华侠的建议下，方庄店把二层的包间打造成雅间，然后再把一楼的散座做成精品，一步一步树立起方庄都一处的口碑。

都一处烧麦技艺传承人谱系列表

代别	姓名	出生	传承方式	学艺时间	备注
第一代	王瑞福	不详	创始	不详	1738年创业
第二代	王领玉	不详	父传	不详	王瑞福之子

续表

代别	姓名	出生	传承方式	学艺时间	备注
第三代	王鸿儒	不详	父传	不详	王领玉之子
	王盖氏	不详	夫传	不详	王鸿儒之妻
	李德馨	不详	家传	不详	王鸿儒表弟
第四代	李德山	1893年	师传	1911年	师从李德馨
	汪洪泰	1910年	师传	1927年	师从李德山
第五代	丁宝兴	1918年	师传	1934年	师从汪洪泰
	宋兆玉	1924年	师传	1946年	师从李德山
第六代	宣和平	1946年	师传	1966年	师从宋兆玉
第七代	李金秋	1955年	师传	1974年	师从宣和平
第八代	吴华侠	1983年	师传	2001年	师从李金秋

第三节

代表性传承人

◎ 吴华侠（便宜坊集团都一处提供）◎

吴华侠，都一处烧麦北京市级代表性传承人，现为北京便宜坊集团烧麦技术督导、都一处前门店副经理。

吴华侠的出生地并不在北京，如同开都一处烧麦馆的老板一样，也来自京城之外。吴华侠的老家在河南省固始县，16岁以前她一直在那里生活。

河南省固始县是河南第一人口大县，人均经济收入很多年都在低位徘徊。2019年才达到脱贫摘帽标准，正式退出贫困县行列。吴华侠家所在的固始县洪埠乡，地域相对封闭，人们的生活也更加贫困。吴华侠的父亲是一家钢铁厂的工人，和妻子常年生活在外地，吴华侠就成了一个留守儿童。从小就跟着奶奶在村子里生活，很小就养成了独立的个性。

16岁那年，吴华侠做出了那个改变她人生的决定。

当时正在上学的她和几个同学在校外合住。在校外住的确是“自由”了，但同时也有一些不方便，因为大家都不大会做饭，在外面买着吃觉得又贵又吃不饱，于是常常就凑合着吃。饥一顿饱一顿的，就是吃饱了也觉得肚子里面不舒服，心里头不满足。到期末放假时，几个同学就打了个赌，看谁能在假期里学会做饭。等开学了，要比比谁学会做饭了，谁做得最好吃。

那年暑假，吴华侠来到了北京。

吴华侠的表姐在北京做生意。她找到表姐，想让表姐带着自己在北京四处玩玩。可表姐每天忙得抽不出身来，没工夫陪她。她想，反正也到北京了，不能就这么回去啊。可也不能就这么成天在屋子里闲着。想到放假前和同学们打的赌，她就让表姐帮她打听一下哪里有专业教做饭的培训班。趁这个时间学学做饭，回去好在同学们面前显摆显摆。

表姐给吴华侠找的这个地方十分称她的心。这是一家饮食集团公司旗下的一个加工车间，也算是个培训班，因为吴华侠就是在那里学会了和她今生有着不解之缘的烧麦。最开始，吴华侠是被分到饺子制作班，跟老师学着做饺子，学会之后计件生产，只要产品达标，完成规定的工作量，每个月还可以领到400多元的工资呢。吴华侠一下子就上瘾了。那些面点她很快就学会了，强烈的上进心，让她常常要和面点班的同学比试一下手艺。回忆起这段经历时，吴华侠还有些小小的得意。她说："我那时候不知道天高地厚，厂里来了什么领导，只要吃饺子，就一定是我包的，我给自己定的标准是必须先学好了，保证质量的前提下再加速，这样我包的饺子是出了名的皮薄馅大，给厂里领导留下很好的印象，这才有了后来被介绍到都一处的机会，这样一干就是将近20年。"后来有人问吴华侠那个时候为什么不想上学了，吴华侠语重心长地说："其实不是不想上学，是想为父亲减轻负担。有时有领导过来视察或者参观，让我们表演一下手艺给领导看看，学员们你推我让，不想上前，但我从来不怕笑话，他们不上我上。"一个月很快过去，接下去又是一个月、两个月……她在北京这家食品培训基地过得如鱼得水，乐不思蜀了。

吴华侠从此开始了她在北京的谋生之路。

这一年是2000年。日历开始进入新世纪了。

几个月后，进入了2001年。都一处前门店的生意日益红火，急需人手。正好赶上厂子占地改造，都一处当时的负责人跟厂长又是熟人，就想着把干活比较认真的吴华侠和一个河北的姑娘介绍到都一处。吴华侠虽然在这之前从来没听说过都一处的名字，但经和厂长了解，要去的那个地方离她心驰神往的故宫仅5分钟时间，她想都没想就答应了。这家企业就是位于前门大街的老字号“都一处”。

都一处前门店，烧麦都是全手工制作。一张长方形案子，两边可以各放下10张凳子。这是给擀皮包烧麦的师傅们坐的。吴华侠进都一处时，在前门店里干活的这些老师傅，都已经是四五十岁的人了。他们每天从上班就开始不停地包烧麦，劳动强度很大，除了上个厕所之类的事，几乎没有起身的机会。

吴华侠站到桌旁，师傅让她包了几个，一看不行，就打发她去干刷蒸屉、扫地、收拾桌子等杂活了。吴华侠心里也清楚，她这时候的手艺根本就不达标，就算让她上桌包烧麦了，她包出来的烧麦给顾客端上桌去，也会被退回来。可这个要强的女孩不甘心。她一边干着杂活一边盯着包烧麦的案子。看到有师傅起身去抽烟、喝水的，就凑过去趁机包上几个。等师傅回来轰她，她才把地方让给人家。

回忆那段事时，吴华侠有些愧疚。“我那时候可浑了，师傅让我干这个，我偏要干那个，有时候让我干活儿我就不动，谁让你们支使我，不让我包烧麦。现在我理解了，其实师傅们的用意是怕我万一包得不合格，客人吃出问题来，砸的可是咱们这块招牌，可当时我不明白这个道理，还一根筋，还以为是大家欺负我。”

因为急着上手学包烧麦，吴华侠还因此“制造事端”来表示“反抗”。

烧麦馆里大家都不愿意干的活儿就是刷蒸屉。蒸屉都是竹子做的。从餐桌上收回来的蒸屉上面有不少残留物，要刷干净特别费劲，一不留神还容易划伤手。吴华侠刷蒸屉时有一次不小心把手划破了一个口子。她并没有急着包扎伤口，而是举着被划破口的手，让大伙儿看着血往水池子里流。

这是有点闹脾气的意思。

店里的师傅们可不允许吴华侠这么任性。大家围上来，七手八脚、争先恐后地帮她处理伤口。从师傅们问询的话语和脸上焦急、关切的表情中，吴华侠感受到平时对她一点儿也不客气的师傅们，内心里是真的关心她、爱护她的。

吴华侠就在那一刻改变了自己对师徒关系原本恶化的理解，两代人之间的隔阂在那一刻彻底消失了。

“你们对我好，我也应该对你们好。”

上不了操作的案子，吴华侠就在每个师傅的身后仔细观察。哪位师傅说腰酸背疼了，她就过去给捶捶背。哪位师傅的茶杯空了，她就去给加水。师傅感冒了，她就偷偷跑到大栅栏同仁堂去给买药……

她住公司宿舍，每天下班时，她都会让别人先走。“你们回去吧，我来干，保证你们明天上班时，接班的人不会说你们留很多活儿没干完。”可这些活儿并不少。每天晚上烧麦馆停止营业时，都会把十几摞烧麦屉归整到后厨来。一摞蒸屉有十几个，十几摞就是一二百个屉。还有碗和换下来的脏工作服。但第二天早上，吴华侠仍是最早到店的那个人。她会把桌子擦好，把面和好，把师傅们要喝的茶水也一个杯子一个杯子地沏好。当师傅们进店时，每天必备的准备工作都被吴华侠完成了。大家直接上手就可以包烧麦了。

吴华侠的这股真诚和机灵劲儿打动了师傅们，只要有人腾出手来，就会招呼她过来，教她几下擀皮和包烧麦的手艺。

为了让师傅们另眼相看，吴华侠跟自己较劲，先在擀皮上超过师傅。

为了学好擀皮这一基本功，她每天坚持工作十几个小时，反复地和面、揪剂子、擀皮。刚开始不熟练，用的都是蛮劲儿。不光胳膊练肿了，手上也磨出了很多茧子。

有一次，吴华侠的手掌心磨出一个大水泡，由于水泡太大，擀皮的时候里面的水来回晃荡，使不上劲儿。吴华侠就用针把水泡挑破，把水挤出来，戴上手套继续擀，但没想到破了之后的肉皮薄，再擀皮时竟把肉皮给带了下来，露出鲜红的肉，再在擀面杖的作用下，真是钻心的疼。就是这样，她也没停下工作。

因为自己是学徒，与那些老师傅和正式工在手艺上确实有差距。当时住在离店不远的宿舍，原本10点上班，每天她8点就到了。开始自己练习，为了不浪费原材料，就把一些面切碎当馅儿，不断地练习。

有一天早上，当她刚要开始练习，店里的经理就来了，她说："经理被我吓了一跳，还以为是小偷进来了。当然，我也被他吓了一跳。因为经理走进来一点儿声音都没有。"大概练了有半年左右，经过不懈的努力，她的擀皮质量不仅很快达标，擀皮的速度也飞速提高。一般情况下，一个人一小时最多擀出10斤面的皮。吴华侠一刻钟就能擀出10多斤面的皮，一个小时能擀出40多斤面的皮。

至今，吴华侠的左右两条胳膊还是一个粗一个细。

一番苦练后，吴华侠终于等来了"上手"的机会。

这天，都一处前门店承办了一场有200多位客人参加的宴会。包烧麦的人手不够，吴华侠主动请缨。店里的领导同意了。吴华侠加入到包烧麦老师傅的案子中。虽然这个自信心十足的女孩早就为这一刻储备下了足够的能量，但她仍然需要一个正式的认可。

她把自己包好的烧麦挨着师傅们包好的烧麦，整整齐齐码放在一起，然后放到蒸笼里，自豪地问了一句："师傅，您看我包的行不？"

师傅们一看，笼里的烧麦真的已经很难分出彼此。吴华侠包的烧麦和师傅们的相比已经难说优劣了。

从这一天开始，吴华侠正式加入到和师傅们一起包烧麦的队伍。

吴华侠常说一句话："如果你比别人好一点儿，就会被羡慕嫉妒恨。如果你做得比别人好一大截儿，足够优秀，你自然就会被敬仰。"

吴华侠是都一处烧麦馆在改革开放后招收的第一批外地户口的职工。

2003年，都一处的老师傅们大都到了退休年龄，只留下50多岁的李金秋一个老师傅带着下面一二十个年轻人。掌握全套手艺的李金秋师傅是都一处烧麦制作技艺的第七代传承人。她一面独挑大梁，一面在自己退休前寻找着一个合适的传人。这时，她看到吴华侠的虚心好学和对制作技艺的执着与精益求精的工作态度，便在心里默默地选中了吴华侠作为自己亲传徒弟。

2005年年底，前门大街升级改造，都一处前门店因此拆迁停业，部分员工转到都一处方庄店。这对吴华侠来说，是一次机遇。从这里开始，她真正肩负起了都一处烧麦制作技艺传承的大旗。

◎ 吴华侠展示烧麦制作技艺 ◎

集团公司在方庄店成立了烧麦的统一制作配送车间，为公司在北京的几家烧麦店统一制作配送烧麦。吴华侠作为配送车间的主管，她既是技艺的传承人也是传授者。在她的带领下，都一处烧麦的传统产品得到广大消费者的认可。同时，为适应当代消费者的需求，开发出的烧麦新产品也赢得了广泛市场赞誉。

都一处的核心技术就是擀烧麦皮，标准是每个烧卖皮不少于24个褶。吴华侠在这个标准基础上，可以擀出103个褶，让人称奇。

很多人问吴华侠是怎么做到的?

“这是被台湾记者逼出来的。”吴华侠回忆道。

2008年的“地坛庙会到台北”活动，都一处烧麦作为老字号项目应邀参加。吴华侠代表都一处现场表演走槌制作烧麦皮。有20多家台湾当

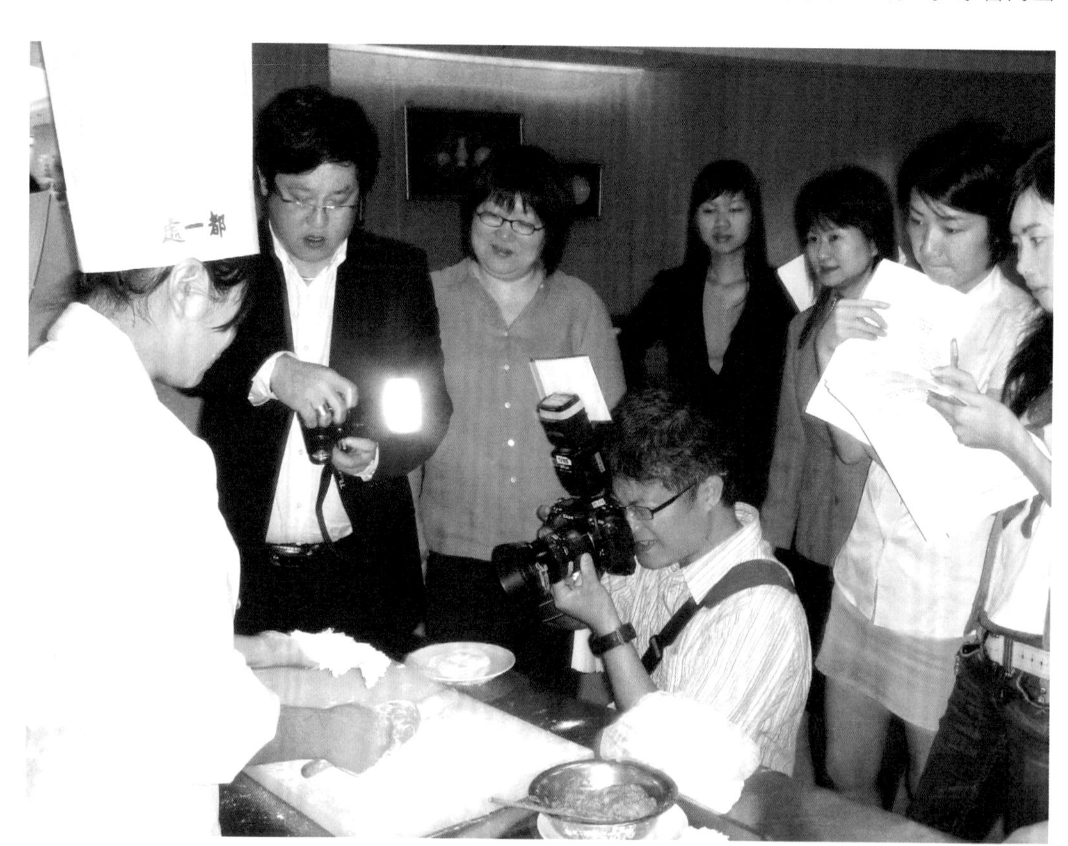

◎ 吴华侠在台湾表演烧麦制作技艺 ◎

地媒体前来采访。记者们看到吴华侠，不相信这个20多岁的女孩就是有百年以上历史的非物质文化遗产传承人。记者们相互间议论纷纷，认为吴华侠不可能在一张薄薄的面皮上擀出24个褶来。他们大声交谈的话语也传到了吴华侠耳中，令吴华侠热血沸腾。更有记者拿出放大镜来，要数数吴华侠擀出的皮上究竟有多少个褶。

吴华侠的好强之心被激发出来。她重新铺开面皮，在记者们的眼皮底下用走槌擀出了几十张烧麦皮。每个到场的记者各给一张，让他们自己去数褶。她走到一边去喝水了。

在片刻的沉静后，记者们的惊呼一声高一声地传过来。

“我的80个褶！”

“我的90个褶！”

其中一位记者更是高声喊出来：“我这个最多！103个褶！”

这个数字不仅让记者们大惊，吴华侠本人都很吃惊，没想到自己能在一张烧麦皮上擀出那么多的褶。

这是岁月的积累！这是技艺的升华！

2010年，吴华侠正式成为都一处制作技艺的东城区级代表性传承人。

2015年，吴华侠又成为都一处制作技艺的北京市级代表性传承人。

“签了一些协议，说老实话，我都忘了具体内容是什么了，就记得这手艺不能外传。”

对于名利和相关的利益回报，吴华侠并不在意。她更关心的是要将都一处烧麦制作技艺在她手中不

◎ 吴华侠教授外国友人包烧麦 ◎

断发扬光大，而且要继续好好地传承下去。

每当有人问她，你一个年纪轻轻的小姑娘，为什么对这门老传统手艺情有独钟呢？她说因为感动，她感动教她手艺的人，感动看上她的人，感动选上她的人。她是一个非常有志气的女孩，她说要让看上她的人引以为荣；让看不上她的人刮目相看，她做到了。她说除了这些感动，还有很多事情也一直感动着她，“学徒时有一件事给了我很深的印象。2002年，刚刚开始学习的时候，一位八九十岁的老人过生日，坐着轮椅，被儿女抬着进来，说就想吃烧麦。我师傅很人性化，就让我到老爷子身边，给他演示制作烧麦的过程，让他知道这么好吃的烧麦是怎么一步步制作出来的。于是我便开始在他前面演

◎ 吴华侠表演烧麦制作技艺 ◎

示。烧麦做好后，老爷子整整吃了一笼，我看着就十分感动。一种食物能够让客人千里迢迢来吃，我就觉得自己更应该把它学好，传承好。”

对于像吴华侠这样用心做事的人，集团愿意给她发展的空间和施展才能的机会。

便宜坊集团是都一处烧麦馆的上级公司。2008年集团聘任吴华侠担任都一处烧麦的总厨师长，由她管理30多人的团队。

便宜坊集团为了培养更多的人才，于2014年9月与北京市工贸技师学院服务管理分院签订了校企合作冠名办班协议，开展工学交替活动。2015年9月，“冠名班”引入讲师，吴华侠受聘担任。

◎ 吴华侠向学员颁发证书 ◎

每周，吴华侠都会选择一到两天去“冠名班”上课。每次上课前她都要精心备课，并将理论知识精心做成PPT。她的课有很多实操内容。每次课都要自己提前准备好各种原材料。做烧麦的16道工序中的和面、揪剂子、打底儿、擀皮儿、包、蒸等主要工序，她都要手把手和学生们一起做。

吴华侠刚进都一处学习的时候，是急不可待地追着师傅们要学手艺。如今，她给学生们上课，首先要做的却是调动起学生们上课的兴趣。“时代不一样了，以前我们当学徒的时候，确实想着学一门手艺，天天追在师傅后面，求着师傅：教教我吧。现在学手艺搬进了课堂，我每天追在学生们身后：孩子们，你们学点儿吧。”

为了使学生们喜欢都一处，吴华侠在讲课中会不时加入一些调剂的内容：讲讲她刚进都一处时的小故事，讲讲有关都一处的传说，有时还会发发红包喊大家来抢，好“叫醒”那些在课堂上打瞌睡的学生。

她也常常叹气：“能真正沉下心来学习手艺的人太缺了。”

担任总厨师长后，吴华侠对管理方面抓得更严、更细，从员工过来的她对下属宽严相济。看到员工忙，她会和他们包上一阵子。如果哪个程序没有执行到位，她会惩罚员工加班重做。不过，她会放下架子和员工一起做。员工晚下班，她也晚下班。下了班，她和员工们一起逛街，还自掏腰包带着大家一起唱歌、跳舞、打台球……

如今，吴华侠手下的徒弟们，有的已经能包出有七八十个褶的烧麦了。

在吴华侠的带领下，都一处的员工们就如同他们出品的烧麦一样，褶子虽多，但馅是团在一起的。那些褶子聚在一起，最终结出的是花一般的“美颜”。

2007年5月，吴华侠制作的五彩烧麦获第八届中国美食节金鼎奖。

2008年11月，吴华侠被评为全国优秀农民工，参加人民大会堂的颁奖仪式。户口迁入北京，成为北京市民。

◎ 吴华侠参加国庆节天安门观礼 ◎

2009年，中华人民共和国60周年华诞，吴华侠被选为优秀农民工代表登上天安门城楼观礼台。

2010年6月，吴华侠被评定为区级“都一处烧麦制作技艺第八代传承人”。

2011年5月，吴华侠被授予“首都劳动奖章”称号。

2012年，吴华侠取得了烹饪高级技师职称。

2013年，吴华侠入围“2012北京榜样”候选人。

2014年9月30日，吴华侠被邀请参加国庆晚宴。

2015年，吴华侠被评定为北京市级“都一处烧麦制作技艺第八代传承人”。

2015年4月，吴华侠被授予“北京市劳动模范”称号。

2016年，吴华侠享受北京市政府技师特殊津贴。

2017年，以吴华侠为首的集体荣获“北京市三八红旗集体”称号。

2017年7月，吴华侠被中共北京市委宣传部评为“优秀宣讲员”。

2017年，成立“东城区吴华侠首席技师工作室”。

2018年，以吴华侠为首的集体荣获“巾帼文明岗”称号。

2019年，吴华侠荣获“东城工匠”称号。

2019年，吴华侠荣获“北京老字号工匠”称号。

2019年，成立“东城区劳模创新工作室”。

2019年，吴华侠荣获“北京市有突出贡献人才”称号。

◎ 吴华侠获巾帼文明岗标牌 ◎

第五章

都一处烧麦的代表作品

◎ 三鲜烧麦 ◎

三鲜烧麦的皮由精选高筋小麦面粉擀制而成，其馅料由猪前尖肉、海参、马蹄、虾仁组成，将猪前尖肉洗净，切成条状，绞成肉馅。把水发海参和马蹄洗净切碎，再将虾去掉头、皮和虾线，洗净后，将一个整虾仁切段一分为二，把猪肉馅放入盆中，加入盐、味精、胡椒粉、黄酱和香油等调味料搅拌均匀，最后放入切好的海参、马蹄和虾仁段，再次搅拌均匀即可。

◎ 猪肉大葱烧麦 ◎

猪肉大葱烧麦的皮由精选高筋小麦面粉擀制而成，其馅料由猪前尖肉和大葱组成，将猪前尖肉洗净，切成条状，绞成肉馅。再把大葱切碎备用，猪肉馅放入盆中，加入盐、味精、胡椒粉、黄酱和香油等调味料搅拌均匀，最后放入切好的大葱，再次搅拌均匀即可。

◎ 羊肉大葱烧麦 ◎

羊肉大葱烧麦的皮由精选高筋小麦面粉擀制而成，其馅料由羊腿肉和大葱组成，将羊腿肉洗净，切成条状，绞成肉馅。大葱切碎备用，羊腿肉放入盆中，加入盐、味精、鸡精、酱油和香油等调味料搅拌后，加入切好的大葱，再次搅拌均匀即可。

◎ 素馅烧麦 ◎

素馅烧麦的皮由精选高筋小麦面粉擀制而成，其馅料由鸡蛋、粉丝、鸡毛菜和贡菜组成，先将粉丝和贡菜用水泡开切碎，鸡蛋炒熟，再把鸡毛菜切碎焯水，最后放入一个盆里，加入盐、鸡精、味精和香油等调味料搅拌均匀即可。

◎ 鸡肉香菇烧麦 ◎

鸡肉香菇烧麦的皮由精选高筋小麦面粉擀制而成，其馅料由鸡腿肉和香菇组成，先将鸡腿肉洗净，切成条状，绞成肉馅。香菇泡水之后，控水切丁备用，鸡腿肉放入盆中加入盐、味精、鸡精和香油等调味料搅拌均匀后，加入切好的香菇丁，再次搅拌均匀即可。

◎ 猪肉茴香烧麦 ◎

猪肉茴香烧麦的皮由精选高筋小麦面粉擀制而成，其馅料由猪前尖肉和茴香组成，将猪前尖肉洗净，切成条状，绞成肉馅。再把茴香切碎备用，猪肉馅放入盆中，加入盐、味精、胡椒粉、黄酱和香油等调味料搅拌均匀，最后放入切好的茴香，再次搅拌均匀即可。

◎ 猪肉西葫芦烧麦 ◎

猪肉西葫芦烧麦的皮由精选高筋小麦面粉擀制而成，其馅料由猪前尖肉和西葫芦组成，将猪前尖肉洗净，切成条状，绞成肉馅。再把西葫芦切丝备用，猪肉馅放入盆中，加入盐、味精、胡椒粉、黄酱和香油等调味料搅拌均匀，最后放入切好的西葫芦丝，再次搅拌均匀即可。

◎ 猪肉韭菜虾仁烧麦 ◎

猪肉韭菜虾仁烧麦的皮由精选高筋小麦面粉擀制而成，其馅料由猪前尖肉、虾仁和韭菜组成，将猪前尖肉洗净，切成条状，绞成肉馅。再把韭菜切碎，将虾去掉头、皮和虾线，洗净后，将虾仁切成一分见方的丁备用，猪肉馅放入盆中，加入盐、味精、胡椒粉、黄酱和香油等调味料搅拌均匀，最后放入切好的韭菜和虾仁丁，再次搅拌均匀即可。

◎ 猪肉莲藕烧麦 ◎

猪肉莲藕烧麦的皮由精选高筋小麦面粉擀制而成，其馅料由猪前尖肉和莲藕组成，将猪前尖肉洗净，切成条状，绞成肉馅。再把莲藕切丁焯水过凉备用，猪肉馅放入盆中，加入盐、味精、胡椒粉、黄酱和香油等调味料搅拌均匀，最后放入切好的莲藕丁，再次搅拌均匀即可。

◎ 猪肉鲜毛豆烧麦 ◎

猪肉鲜毛豆烧麦的皮由精选高筋小麦面粉擀制而成，其馅料由猪前尖肉和鲜毛豆组成，将猪前尖肉洗净，切成条状，绞成肉馅。再把鲜毛豆加上葱、姜、盐煮熟，剥出毛豆仁备用，猪肉馅放入盆中，加入盐、味精、胡椒粉、黄酱和香油等调味料搅拌均匀，最后放入剥好的毛豆仁，再次搅拌均匀即可。

◎ 牛肉番茄烧麦 ◎

牛肉番茄烧麦的皮由精选高筋小麦面粉擀制而成，其馅料由牛臀肉和番茄组成，将牛臀肉洗净，切成条状，绞成肉馅。再把番茄用热水烫一下去皮切碎备用，牛肉馅放入盆中，加入盐、味精、胡椒粉、黄酱、生抽、老抽、香油等调味料搅拌均匀，最后放入切好的番茄，再次搅拌均匀即可。

◎ 牛肉香芹烧麦 ◎

牛肉香芹烧麦的皮由精选高筋小麦面粉擀制而成，其馅料由牛臀肉和香芹组成，将牛臀肉洗净，切成条状，绞成肉馅。再把香芹洗净切碎备用，牛肉馅放入盆中，加入盐、味精、胡椒粉、黄酱、生抽、老抽、香油等调味料搅拌均匀，最后放入切好的香芹，再次搅拌均匀即可。

◎ 牛肉山药烧麦 ◎

牛肉山药烧麦的皮由精选高筋小麦面粉擀制而成，其馅料由牛臀肉和山药组成，将牛臀肉洗净，切成条状，绞成肉馅。再把山药洗净蒸熟切丁备用，牛肉馅放入盆中，加入盐、味精、胡椒粉、黄酱、生抽、老抽、香油等调味料搅拌均匀，最后放入切好的山药，再次搅拌均匀即可。

◎ 牛肉百合烧麦 ◎

牛肉百合烧麦的皮由精选高筋小麦面粉擀制而成，其馅料由牛臀肉和百合组成，将牛臀肉洗净，切成条状，绞成肉馅。再把百合洗净备用，牛肉馅放入盆中，加入盐、味精、胡椒粉、黄酱、生抽、老抽、香油等调味料搅拌均匀，最后放入百合，再次搅拌均匀即可。

◎ 什锦烧麦 ◎

什锦烧麦是挑选都一处最受欢迎的4种传统烧麦拼组而成：三鲜烧麦、猪肉大葱烧麦、羊肉大葱烧麦、素馅烧麦，4种馅各两个拼成一屉8个的什锦烧麦，这样的搭配是为了方便客人，只花一屉的钱，就能品尝到4种不同口味的烧麦。此款烧麦自2010年推出以后，深受广大食客的喜爱，一直保留至今。

都一处大事记

附录

APPENDIXES

清乾隆三年（1738年），山西人王瑞福在前门鲜鱼口南创办都一处。

清乾隆十七年（1752年），乾隆御赐蝠头匾“都一处”。

1752年，《都门纪略·古迹》记载乾隆帝进店的甬路为“土龙”。

清嘉庆二十四年（1819年），苏州人张子秋称“都一处土龙为财龙”。

1930年，王家第三代传人王鸿儒在前门大街西侧迤南增开都一处南号，五年后因故关闭。

1956年，都一处率先公私合营。

1958年，都一处乔迁新址前门大街38号。

1964年，由原来一层门店扩建为二层。

1964年，郭沫若为都一处题写匾额，夫人于立群题字。

1989年，都一处烧麦荣获国家级餐饮奖项“金鼎奖”。

1991年，都一处烧麦在上海举行的全国烹饪大赛上获得第一名。

1992年，都一处烧麦在北京百家餐馆千种风味小吃大联展上获得最佳品种奖。

1997年，都一处由原来的二层门店扩建为三层。

2000年，都一处炸三角与烧麦同时获得中华名小吃认证。

2001年，都一处方庄店开业。

2002年，都一处加入便宜坊集团。

2006年1月，都一处方庄店扩建二楼。

2006年1月，前门大街修缮，都一处店停业。

2006年，都一处推出了皇家御宴“猎鹿宴”。

2007年4月，都一处烧麦制作技艺被列入北京非物质文化遗产保护名录。

2008年8月，都一处前门店回迁原址，一层试营业。

2008年，都一处烧麦制作技艺被列入国家级非物质文化遗产保护名录。

2009年，都一处商标被认证为北京市著名商标。

2010年1月，都一处前门店完成专业设计和装修，一层与二层全部营业。

2010年6月，都一处永定门烧麦馆开业，南厅尝试快餐式经营，后院统一配送馅料。

2012年，都一处烧麦馆荣获“中华餐饮名店”称号。

2016年6月，都一处荣获“2015—2016年北京老字号优秀企业”称号。

2017年7月，“马莲肉”获得“中国京菜名菜”称号。

2018年5月，都一处荣获“2017年度北京餐饮十大老字号品牌”称号。

2018年5月，都一处荣获“2017年度北京餐饮门店100强”称号。

2018年11月，都一处获得“中国京菜名店”称号。

2019年1月，都一处获得“居民最喜爱商家”称号。

2019年3月，都一处荣获中华全国妇女联合会“巾帼文明岗”称号。

2019年10月，都一处获得“北京老字号传承典范品牌”称号。

◎ 北京老字号传承典范品牌 ◎

后记

AFTERWORD

我是都一处烧麦制作技艺第八代传承人，原本我只是一个怀揣梦想从农村出来打工的小丫头。

每个人都有梦想，却很少有人能真正实现，而我是个例外。我做梦也没想到，有一天会落户北京，有一天会成为企业的骨干，有一天会成为老字号传承人。更没想到，我能被邀请为观礼嘉宾参加祖国60年大庆、93阅兵和70年大庆盛典活动，也不曾想到有一天会和国家领导人一起走向人民英雄纪念碑敬献花篮，一起参加祖国65周年的国宴招待会……这一切的一切都源于都一处。

从2001年进入都一处开始，在集团的大力培养下，在师傅们的“传帮带”下，我从一名员工成为领班，再从领班成为主管，然后是烧麦总厨师长，最终成为老字号的技艺传承人，这一路的感恩与感动不言而喻。

在这期间，集团给我提供了许多学习交流的机会，在众多外宾接待、媒体访谈、技术研讨等活动中，都能看到我的身影，我先后获得了“全国优秀农民工”“首都劳动奖章”“北京市劳动模范”等荣誉称号。

2009年，我参加了在京、津、沪、杭四地的巡回展演，这也是我到现在为止记忆最为深刻的一次。一对老夫妇为了观看都一处烧麦制作技艺，竟然从北京开始一直跟随着展演辗转几个城市。在天津的时候，那位阿姨走到我身旁，激动地拉起我的手，说："姑娘，阿姨在电视上见过你，你年纪轻轻的也真是不容易，为了传承这门技艺吃了不少苦吧。我们老两口一直就爱吃你们都一处的烧麦，现在看着老字号的发展越来越好，我们高兴啊。姑娘，你一定要把这门手艺很好地传下去啊。"我被老夫妇的热忱深深打动着，同时为自己是老字号品牌的传承人感到骄傲，感觉自己身上的担子更重了，我不能辜负每一位顾客的厚望，要把老字号品牌文化传承下去，要把它发扬光大。在之后的几次国外展演中，我秉承着这样的信念，为外国友人展示技艺，讲解品牌文化，多次得到了认可和赞赏。

作为烧麦技艺传承人，我不但要传承好技艺，还要勇于创新。在2008年北京奥运会之前，"都一处烧麦制作技艺"被列入国家级非物质文化遗产保护名录，我为表达老字号品牌期盼奥运、支持奥运、服务奥运的理念，组织创新烧麦品种，制成"五彩烧麦"，成为重张开业的都一处前门店专卖产品，受到消费者追捧。

我在专研技艺、提升技艺水平的同时，也开始注重发展壮大团队。从一名普通员工到基层管理者、从学徒到传承人，身份的不断转变，让我拓宽了视野，学到了更多的知识。"一花独放不是春，百花齐放春满园"，我意识到身上的这份重担。要将这门技艺传授给更多的人，就要建设烧麦制作团队，稳定人员，集合更多人的力量发扬传统技艺。技艺方面可以创新，在团队管理方面也可以创新，首先要提升大家对技艺本身的兴趣，使人更好更快地学会学好。我认为日复一日地学习一件事，非常枯燥，所以我在带徒过程中尽量给他们增添学习乐趣，营造氛围，开展小组竞赛。让每一位员工都参与其中，乐在其中。还有让老员工带徒弟，并开展新员工之间的竞赛，检核他们的带徒成果。

现在很多年轻人吃不了苦，而烧麦又是全手工技艺。在旺季，都一处前门店每天至少要生产2000多屉才能满足顾客需求，每一屉8个，一天就得16000多个，分摊10个人平均每人每天至少要擀1600多张皮，经过多次考核测试，每个人一小时平均生产7斤左右，每斤33个烧麦皮，8小时不停歇的情况下，可以生产1848个，才能勉强完成这个生产量，因此很多人手上都磨起了水泡和茧子，不少年轻人承受不住了，熬过了节后便纷纷向我交来了辞职报告。我虽然极力地安慰和挽留，但是面对一个个浑身酸痛和满手水泡的孩子们，我所有的语言都显得那么苍白，故而我想到了工作之余可以带着大家去体验不同的工作氛围。

春节刚过，马上迎来元宵佳节，对于集团旗下品牌锦芳小吃店来说，无疑又是一个繁忙的节日。每年的正月初六到正月十五，锦芳各店门前车水马龙，排队购买元宵的队伍高峰时长达数百米。于是，下班之后我带着自愿去体验的孩子们，来到锦芳小吃店体验装元宵。事后大家纷纷表示，每天上班不停地加工生产已经很辛苦了，但是与夜班制作生产及装元宵相比，自己已经很幸运了。通过两天的体验，留住了其中一部分要走的"战友"。从这个事情中，让我深刻地体会到，"办法总比问题多"，工作中难免会遇到这样或那样的瓶颈和问题，或许努力尝试一些新方法，才能改变现状，解决问题。

其实我一直觉得学会制作烧麦不难，但是真正把它发扬光大是需要下功夫和深入地了解烧麦文化，并结合现在市场上消费者对烧麦的需求来实现的。我自己暗下决心，不但要努力学习新技术，要努力发扬老字号的优良技艺，还要努力地发展它。2002年，都一处融入了便宜坊集团，面对着集团迅速发展的态势，如何推陈出新，如何提高烧麦的制作水平成了我工作的下一个目标。

我始终认为传承不是一成不变，而是要在传统的基础上进行不断的改革创新，适应时代发展，只有跟随时代一起进步，才能流传于世。2005年，我第一次研制出玫瑰花烧麦，不仅获得了领导的认可，更取得了不错的销售成绩。我想这就是创新给我带来的喜悦，同时也让我在解决问题、克服困难的过程中成长，更加坚定了我将传统技艺发扬并创新的决心。在随后的几年中，我一直坚持求变创新：2007年研制“奥运五彩烧麦”；2009年研制“炫彩烧麦”；2010年的“四季时令烧麦”；2012年研发了“五谷烧麦”；2015年的“蟹黄烧麦”；2019年70年国庆“团圆烧麦”。

其中，2009年“炫彩烧麦” 截至今年已经第11个年头了。深受食客喜爱，并获得了面点“金鼎奖”，每年此款单品的销售额都在200万元左右，还有2015年研发的“蟹黄烧麦”，年销售额平均150万元左右。

2019年10月为庆祝70年国庆研发的“团圆烧麦”，每天限量70份，每天上午11点就已售空。2019年，都一处前门店全年营业额2363万元，其中烧麦收入占比1700多万元，占总收入的70%左右，其中创新烧麦收入为430多万元，占总体收入的18.26%。这就是我们创新所呈现出的骄人成绩。

虽然说创新的过程是枯燥的，但我们创新出的成果是令人骄傲的。如果说创新需要我们付出一百次的尝试，那么我们必须有勇气接受前九十九次的失败，尽管我们每次尝试都投入了百分之百的努力和辛苦，只要我们坚持下去，我们终将会获得第一百次的成功。

俗话说，干一行爱一行，爱一行专一行，我经常和徒弟们说：既然选择了自己的工作，就要真心地热爱自己的岗位，把本职工作当成自己的事业去做，只有这样才能以饱满的工作热情，全身心地投入到本职工作中去，在平凡的岗位上创造出不平凡的工作成绩，这也是我一直以来坚守的态度。

为了更好地完善自我，提升自己的管理能力，2010年我报考了成人高考工商企业管理专业，现在已经取得了大学本科学历，希望通过自己的努力提升自己的管理能力，为企业培养出更多有用的人才。

多年的历练与成长，让我养成了很多好习惯，我坚持每天制定工作时间表，汇总工作重点，下班前检查工作完成情况并制订第二天的计划与达成目标。我觉得没有计划和目标的工作是盲目的，有效的计划和目标能提高工作的自觉性、主动性，并能极大地提高工作效率。只有这样才能让都一处的技艺更好地传承下去。

传承人是一种荣誉，更是一种责任，它既要通过师承、学校教育或其他多种形式培养新的传承人，使技艺薪火相传、生生不息，也要在保持非物质文化遗产核心精神的同时，不断创新，赋予非物质文化新的生命力。

面对所获得的种种荣誉，我深知我的进步离不开企业的关心和培养；我的成长离不开企业的精心灌溉，在此感谢企业对我的关爱与支持，感谢同事们对我的帮助和支持，是你们让我变得越来越好，是你们赋予了我多种身份。我现在不仅是一位年轻的技艺传承人，也是一位光荣的基层党员，我不仅要带着大家传承好手艺，更要带领团队提高政治觉悟。我将继续立足岗位、团结协作、精益求精，扎实做好本职工作，在平凡的岗位上努力创造出更加优异的成绩，为企业明天的宏伟蓝图尽一份绵薄之力。我始终坚信，不是因为有了希望才坚持，而是因为坚持才有希望。感恩18年来在都一处的成长，相信在这个舞台上，我会继续发光发热！我最大愿望是将都一处品牌做大做强，让老字号品牌北京闻名、中国驰名、世界知名。

吴华侠

2019 年 1 月